donna hay
Seasons

the best of *donna hay magazine*

FOURTH ESTATE

Seasons

Seasons by Donna Hay
Design copyright ⓒ Donna Hay 2009
Editor-in-chief: Donna Hay
Art direction and Design: Chi Lam
Copy editors: Kirsty McKenzie, Melanie Hansche
Recipes + styling: Donna Hay, Justine Poole, Steve Pearce, Jane Collings
Additional recipes + styling: Sonia Greig, Emma Knowle, Sue Fairlie-Cuninghame
on the cover apple orchard picture by Mikkel Vang
Photographs copyright ⓒ Con Poulos 2009 pages front endpapers, 1-3, 5-17, 19-25, 27-30, 34-38, 47-49, 52-55, 61-65, 67-73, 75-79, 81-85, 89, 95, 102, 103, 112, 113, 118, 119, 142, 143, 145-149, 151-157, 159-163, 165-173, 185, 190, 191, 200, 201, 203-207, 216, 217, 220-227, 229-231, 262-271, 273-275, 286, 287, 312-319, 321, ⓒ Chris Court pages 39, 41, 50, 51, 56, 86, 87, 90, 91, 100, 101, 105, 115-117, 121, 125-127, 130-135, 137-141, 176, 177, 186-189, 192, 193, 196, 197, 208-213, 215, 236-247, 249-251, 258-261, 282, 283, 285, 289-291, 294-305, 308, 309, ⓒ Mikkel Vang pages 182, 183, 198, 199, 219, 306, 307, 324, back endpapers, ⓒ William Meppem pages 106-109, 111, 120, 122, 123, ⓒ Ben Dearnley pages 92, 93, 96-99, 178-181, 194, 195, 256, 257, ⓒ Brett Stevens pages 32-33, 57, 174, 175, 232, 233, 235, 277-281, ⓒ Hugh Stewart pages 42-45, 58, 59, 323, ⓒ Mike Newling pages 128, 129, ⓒ Lisa Cohen pages 252-255, 292, 293.

First published by HarperCollins Publishers Australia Pty Limited, Sydney, in 2009.

도나 헤이 시즌스 Donna Hay Seasons

초판 1쇄 | 2015년 8월 31일
4쇄 | 2023년 11월 11일

지은이 | 도나 헤이 **옮긴이** | 크리스탈 문 **펴낸이** | 설응도 **펴낸곳** | 라의눈
편집주간 | 안은주 **마케팅** | 민경업 **경영지원** | 설효섭
출판등록 | 2014년 1월 31일(제2019-000228호) **주소** | 서울시 강남구 테헤란로78길 14-12, 동영빌딩 4층
전화번호 | 02-466-1283 **팩스번호** | 02-466-1301
e-mail | 편집 editor@eyeofra.co.kr 경영지원 management@eyeofra.co.kr 영업·마케팅 marketing@eyeofra.co.kr

ISBN 979-11-86039-31-1 13590

옮긴이 | 크리스탈 문
서울에서 태어나 청소년기를 보내고 도미해 캘리포니아 버클리대학교에서 경제학을 전공했다.
여성잡지에 쿠킹, 라이프스타일에 관한 글을 기고하기도 하고 다양한 주제의 서적, 논문 등을 번역·감수했다.
서울대 국제대학원 한국학 석사학위를 취득했다.

요리사들은 매해 돌아오는 새로운 계절에

사람들에게 요리를 하라고 권하기를 참지 못하는 이들이다.

감사의 마음을 담아… 로나

0,5 l.

Contents

계절 변화가 없다는 것을 상상할 수 있을까?
봄은 피크닉과 신선한 샐러드를 선사하며 우리를 아웃도어로 내몰고,
여름은 해산물 바비큐, 베리와 스톤프룻 주스를 안긴다.
가을은 뿌리채소와 따뜻한 스프를, 그리고 겨울은
천천히 조리된 로스트와 스튜를 만끽할 시간을 선사한다.

chapter one

Spring

햇빛의 입맞춤으로 출발하는 새봄의 첫 며칠은
아웃도어에서 즐겨야 제 맛이다. 피크닉 담요를 싸들고, 사랑하는 이와
함께 대자연을 새로이 발견하는 여유로운 오후를 만들자. 바구니엔
맛있는 것들을 가득 담아 탐험의 본능이 이끄는 곳으로 떠나보라.

+ 파르메산치즈 트위스트
+ 쿠스쿠스 타볼리
+ 완두콩 허브 팔라펠
+ 프리저브 레몬 허머스
+ 크런치 펜넬 샐러드

세이버리

완두콩 허브 팔라펠
쿠스쿠스 타볼리
파르메산치즈 트위스트
프리저브 레몬 허머스
크런치 펜넬 샐러드
그릴 프로슈토와 레몬 타임 할루미치즈
바질 오일
크리스피 브레드와 샐러드를 곁들인 페타치즈
카프레제 샐러드
월도프 샐러드
그릭 샐러드
비스트로 샐러드
앤초비 드레싱을 곁들인 토마토 바질 샐러드
스프링 어니언 트레이 브레드
크랩 브루스케타
쿠스쿠스로 채운 주키니플라워
양상추 크리스피 어니언 샐러드
삶은 닭고기와 스프링 어니언 샐러드
프리저브 레몬을 곁들인 페이퍼 백 도미
펜넬 샐러드를 곁들인 팬 프라이 연어
훈제 숭어, 감자 민트 샐러드
허브 크러스트 송아지 로인
참치 라임 마요네즈와 양상추 컵
칠리 비프와 스네이크 빈 볶음
참깨소금을 곁들인 미소 연어
버섯 생강 볶음
손쉬운 리코타치즈 시금치 민트뇨끼
레몬 크림 소스를 곁들인 연어
참깨 드레싱을 곁들인 참치 킹피시 사시미
펜넬 베이크 연어
민트 렘 레그
파 피클과 핑크 페퍼콘 비프

완두콩 허브 팔라펠

데친 냉동 완두콩 • 1 1/3컵(160g)
헹궈서 물기를 뺀 병아리콩(가르반조콩) • 400g 통조림 2개
다진 차이브 • 1/3컵
민트 잎 • 2/3컵
마늘 • 4쪽
간 큐민 • 1티스푼
간 코리엔더(실란트로) • 1티스푼
강판에 곱게 간 레몬 제스트 • 2테이블스푼
베이킹파우더 • 1 1/2티스푼
다목적 용 밀가루 • 1/4컵(35g)
씨 솔트과 막 갈아낸 후추
볶은 참깨 • 1/2컵(75g)
튀김 용 식용유

완두콩, 병아리콩, 차이브, 민트, 마늘, 큐민, 코리엔더, 레몬 제스트, 베이킹파우더, 밀가루, 소금과 후추를 반죽이 부드러워질 때까지 천천히 푸드프로세서에서 돌린다. 반죽을 1테이블스푼만큼씩 떼어 경단모양으로 빚은 뒤 참깨에 굴린다. 큰 냄비에 튀김 용 식용유를 붓고(바닥에서 5cm 정도 채운다) 중불에서 뜨거워질 때까지 서서히 덥힌다. 참깨 경단을 2~3분, 혹은 겉이 바삭하고 황금색을 띨 때까지 튀긴 후 건져내어 종이 위에 잠시 두고 기름을 뺀다. 바게트 빵이나 피타 브레드와 곁들여 낸다.(4인분)

쿠스쿠스 타볼리

쿠스쿠스 • 1컵(200g)
끓는 물 • 1컵(250ml)
무염 버터 • 40g
올리브오일 • 2테이블스푼
레몬주스 • 2테이블스푼
다진 마늘 • 1쪽
씨 솔트과 막 갈아낸 후추
다진 이탈리안 파슬리 • 1/2컵
크레스 잎 • 1컵

큰 볼에 쿠스쿠스와 끓는 물을 넣고 랩으로 꼼꼼히 덮은 후 5분 정도 둔다. 버터를 넣고 버터가 다 녹을 때까지 쿠스쿠스를 포크로 분리한다. 올리브오일, 레몬주스, 마늘, 소금과 후추를 섞고 쿠스쿠스에 뿌려서 다시 섞는다. 파슬리와 크레스 잎을 넣고 부드럽게 섞어준다.(4인분)

파르메산치즈 트위스트

올리브오일 • 1/4컵(60ml)
씨 솔트
다진 마늘 • 1쪽
시판 퍼프 페이스트리 • 200g 1장
곱게 간 파르메산치즈 • 1/2컵(40g)

오븐을 섭씨 180도(화씨 355도)로 예열한다. 올리브오일, 마늘, 소금과 후추를 볼에 넣고 저어 섞는다. 퍼프 페이스트리에 오일믹스를 바른 뒤 2cm 너비로 길게 자른다. 파르메산치르를 위에 뿌리고 페이스트리를 꼬아, 베이킹페이퍼를 깐 베이킹트레이에 가지런히 놓는다. 오븐에서 5~8분, 혹은 잘 부풀고 노란색을 띨 때까지 굽는다.(12인분)

레몬 절임 허머스

헹궈서 물기를 뺀 병아리콩(가르반조콩) • 400g 통조림 2개
다진 마늘 • 2쪽
대충 다진 레몬 절임 제스트 • 1/2테이블스푼
올리브오일 • 1/2컵(125ml)
레몬주스 • 1/4컵(60ml)
타히니 • 1/4컵(70g)
씨 솔트과 막 갈아낸 후추
여분의 올리브오일

병아리콩, 마늘, 레몬 절임, 올리브오일, 레몬주스, 타히니를 큰 푸드프로세서에 넣고 부드러워질 때까지 돌린다. 소금과 후추를 넣는다. 여분의 올리브오일을 뿌려낸다.(4인분)

크런치 펜넬 샐러드

펜넬 • 1뿌리
샐러드 믹스 • 100g
마요네즈 • 1/4컵(75g)
디종 머스터드 • 2티스푼
물 • 2테이블스푼
볶은 호박씨 • 1/4컵(50g)

펜넬 뿌리의 잔가지를 다듬어 잘라낸 뒤 잘게 다져서 따로 놓는다. 펜넬 뿌리는 얇게 저며 샐러드 믹스와 함께 큰 볼에 담는다. 마요네즈, 머스터드, 물을 작은 볼에 넣고 잘 섞는데, 이때 따로 다져 놓은 잔가지를 넣는다. 완성된 드레싱을 샐러드에 끼얹고 잘 섞이도록 뒤적인다. 호박씨는 마지막에 뿌려낸다.(4인분)

파르메산치즈 트위스트

특별한 그 누군가와
새봄의 따스한 날씨를 즐기는 것보다
더 신나는 일은 없다.
풀밭을 찾아 좋은 책 한 권,
혹은 좋은 책 한 권을 읽은
그 누군가와 함께
한가로운 하루를 보내라.

그릴 프로슈토와 레몬 타임 할루미치즈

spring

세이버리

바질 오일

크리스피 브레드와 샐러드를 곁들인 페타치즈

카프레제 샐러드

그릴 프로슈토와 레몬 타임 할루미치즈

4등분 한 할루미치즈 • 400g
레몬 타임 • 4가지
반으로 자른 프로슈토 • 2장
올리브오일 • 1테이블스푼

할루미치즈 위에 타임 가지를 하나씩 얹고 프로슈토로 감싼 뒤, 베이킹페이퍼를 깐 베이킹트레이에 가지런히 놓는다. 올리브오일을 바른 뒤 뜨겁게 예열된 그릴에서 8~10분, 혹은 치즈 겉면이 황금색을 띠게 익고 프로슈토가 바삭해질 때까지 굽는다.(4인분)

바질 오일

올리브오일 • 1 1/2컵(375ml)
바질 잎 • 1컵
데쳐서 물기를 뺀 여분의 바질 잎 • 2컵
여분의 올리브오일 • 1/4컵(60ml)
그릴 사워도우 브레드 슬라이스
고트치즈

코팅된 프라이팬에 올리브오일과 바질을 넣고 약불에서 5분간, 혹은 오일이 따뜻해질 때까지만 덥혀 15분간 식혀서 걸러놓는다.
여분의 바질과 올리브오일을 작은 푸드프로세서에 넣어 페이스트가 될 때까지 으깨고, 바질 오일에 바질 페이스트를 섞고 넣는다. 브레드와 고트치즈에 바질 오일을 살짝 뿌려낸다. 1 3/4컵(435ml)

크리스피 브레드와 샐러드를 곁들인 페타치즈

사워도우 브레드 슬라이스 • 4장
브러시와 올리브오일
페타치즈 슬라이스 • 400g
샐러드 믹스 • 100g
파르메산치즈
씨 솔트과 막 갈아낸 후추
여분의 올리브오일

그릴 팬을 센불에 달군다. 브레드에 올리브오일을 바르고 양면을 1~2분씩, 혹은 황금색을 띨 때까지 굽는다. 페타치즈, 샐러드 믹스, 파르메산치즈, 소금과 후추를 뿌리고 여분의 올리브오일을 살짝 끼얹는다.(4인분)

카프레제 샐러드

잘 익은 토마토 • 4개
프로슈토 • 4장
씨 솔트과 막 갈아낸 후추
살짝 으깬 버팔로 모차렐라치즈+ • 125g 2개
바질 잎 • 1컵
화이트 와인 비니거 • 1테이블스푼
여분의 엑스트라버진 올리브오일 • 2테이블스푼

오븐을 섭씨 200도(화씨 390도)로 예열한다. 프로슈토로 감싼 토마토를 베이킹페이퍼를 깐 베이킹트레이에 가지런히 놓는다. 소금과 후추를 살짝 뿌린 뒤 오일을 끼얹는다. 10~15분, 혹은 프로슈토가 바삭해질 때까지 굽는다. 비니거와 여분의 오일을 뿌린 모차렐라, 바질과 함께 낸다.(4인분)
+ 버팔로 젖으로 만든 모차렐라는 모차렐라 중에서도 최상품에 속한다. 촉촉한 맛과 실크같이 부드러운 감촉이 일품이다.

월도프 샐러드

그린 애플(그래니스미스) 슬라이스 • 3개
셀러리 슬라이스 • 1줄기
다진 호두 • 1컵(100g)
물냉이 줄기 • 2컵
블루치즈 드레싱
마요네즈 • 1/4컵(75g)
레몬주스 • 2티스푼
물 • 2테이블스푼
씨 솔트과 막 갈아낸 후추
다진 소프트 블루치즈+ • 100g

마요네즈, 레몬주스, 물, 소금, 후추, 블루치즈가 부드럽게 섞일 때까지 푸드프로세서에 돌려 블루치즈 드레싱을 만든다.
사과, 셀러리, 호두, 물냉이를 접시에 가지런히 세팅하고 스푼으로 드레싱을 뿌려낸다.(4인분)
+ 블루치즈 드레싱에 쓰일 치즈는 향이 세지 않은 것을 사용해야 한다. 고르곤졸라치즈의 한 종류이지만, 한결 더 달콤하고 부드러운 맛의 돌체라테치즈를 사용하는 것이 정석.

월도프 샐러드

그릭 샐러드

비스트로 샐러드

앤초비 드레싱을 곁들인 토마토 바질 샐러드

그릭 샐러드

페타치즈 슬라이스 • 400g
체리토마토 슬라이스 • 250g
화이트 어니언 슬라이스 • 1개
껍질 벗긴 오이 슬라이스 • 2개
갖가지 올리브 • 1컵(160g)
바질 잎 • 1/4컵
타이바질 잎 • 1/4컵
씨 솔트과 막 갈아낸 후추
레드 와인 비니거 • 1테이블스푼
엑스트라버진 올리브오일 • 1테이블스푼

논스틱 프라이팬을 센불로 달군다. 페타치즈의 각 면을 1~2분, 혹은 황금색을 띨 때까지 굽는다. 각 접시에 나누어 담은 뒤 그 위에 토마토, 어니언, 오이, 올리브, 바질, 타이바질 등을 올린 다음, 후추를 뿌리고 비니거와 올리브오일을 뿌려낸다.(4인분)

비스트로 샐러드

판체타 • 8장
달걀 • 4개
잎을 분리한 프리세(컬리엔다이브 상추)+ • 1개
갈릭 비니거 드레싱
화이트 와인 비니거 • 1/4컵(60ml)
엑스트라버진 올리브오일 • 2테이블스푼
다진 마늘 • 1쪽
디종 머스터드 • 1티스푼
씨 솔트과 막 갈아낸 후추

비니거, 올리브오일, 갈릭, 머스터드, 소금과 후추를 볼에 넣고 섞어 갈릭 비니거 드레싱을 만들어 한쪽에 둔다.
판체타를 베이킹트레이에 놓고 브로일세팅으로 뜨겁게 예열된 그릴에서 4~5분, 혹은 황금색을 띠고 바삭해질 때까지 구운 다음 한쪽에 보온상태로 놓아둔다.
달걀은 끓는 물에서 6분간 삶아 반숙이 되도록 한다. 물을 버리고 껍질을 깐다. 프리세를 각 접시에 나누고 판체타와 달걀을 그 위에 얹는다. 드레싱을 스푼으로 떠서 위에 뿌려낸다.(4인분)

+ 프리세(컬리엔다이브 상추)는 샐러드에 약간 쌉쌀한 맛을 더한다. 잎사귀는 약간 주름지고 색은 연두색을 띠어야 한다.

엔초비 드레싱을 곁들인 토마토 바질 샐러드

잘 익은 토마토 슬라이스 • 3개
반으로 자른 노랑 포도토마토, 체리토마토 • 각각 250g
다듬어 데친 베이비 그린 빈 • 200g
씨 솔트과 막 갈아낸 후추
올리브오일 • 1/3컵(80ml)
마늘 슬라이스 • 4쪽
다진 앤초비 • 2쪽
쉐리 비니거 • 1/4컵(60ml)
바질, 타이바질 잎 • 1 1/2컵
페코리노치즈 쉐이브

토마토와 그린 빈을 큰 도자기 접시에 담고 소금과 후추를 뿌린 뒤 한쪽에 둔다. 논스틱 프라이팬에 올리브오일, 마늘, 앤초비를 넣고 중불에서 2~3분, 혹은 마늘이 황금색을 띠게 익을 때까지 볶는다. 프라이팬을 불에서 내리고 비니거를 뿌린 뒤 섞는다. 드레싱을 스푼으로 떠서 토마토와 그린 빈 위에 뿌리고 30분 정도 숙성시킨 후 바질을 넣고 뒤적인다. 페코리노치즈를 얹어 낸다.(4인분)

스프링 어니언 트레이 브레드

반으로 가른 스프링 어니언 • 8뿌리
올리브오일 • 1테이블스푼
화이트 와인 비니거 • 1테이블스푼
정제설탕(캐스터슈거) • 1티스푼
활성 드라이 이스트 • 2티스푼
여분의 정제설탕(캐스터슈거) • 1/2티스푼
미지근한 우유 • 1 1/2컵(375ml)
체로 거른 다목적 용 밀가루 • 3컵(450g)
여분의 올리브오일 • 1테이블스푼
씨 솔트 • 1티스푼

올리브오일, 비니거, 설탕을 작은 볼에 넣고 스프링 어니언에 잘 버무려서 한쪽에 둔다. 이스트, 여분의 설탕, 우유를 볼에 넣고 잘 저어 섞어준다. 따듯한 곳에 5분쯤, 혹은 표면에 거품이 생길 때까지 놓아둔다. 밀가루와 여분의 올리브오일, 소금을 볼에 넣고 밀가루 산을 만들어 가운데 우물이 생기게 한다. 이스트 믹스를 넣고 나이프를 사용해 저어주면서 반죽을 만든다. 밀가루를 뿌린 도마 위에 반죽을 놓고 4~5분, 혹은 반죽이 부드럽고 탄력이 생길 때까지 치댄다. 반죽은 밀가루를 살짝 뿌린 가로세로 18cm×28cm 크기의 베이킹트레이에 넣고 트레이에 맞게 꾹꾹 눌러 평평하게 편 뒤 스프링 어니언을 반죽에 박아 넣는다. 그 다음 물에 적신 깨끗한 수건으로 덮고 45분, 혹은 반죽이 2배 크기가 될 때까지 기다린다.
오븐을 섭씨 220도(화씨 390도)로 예열한 다음 20분, 혹은 황금색을 띠게 익을 때까지 빵을 굽는다.(6인분)

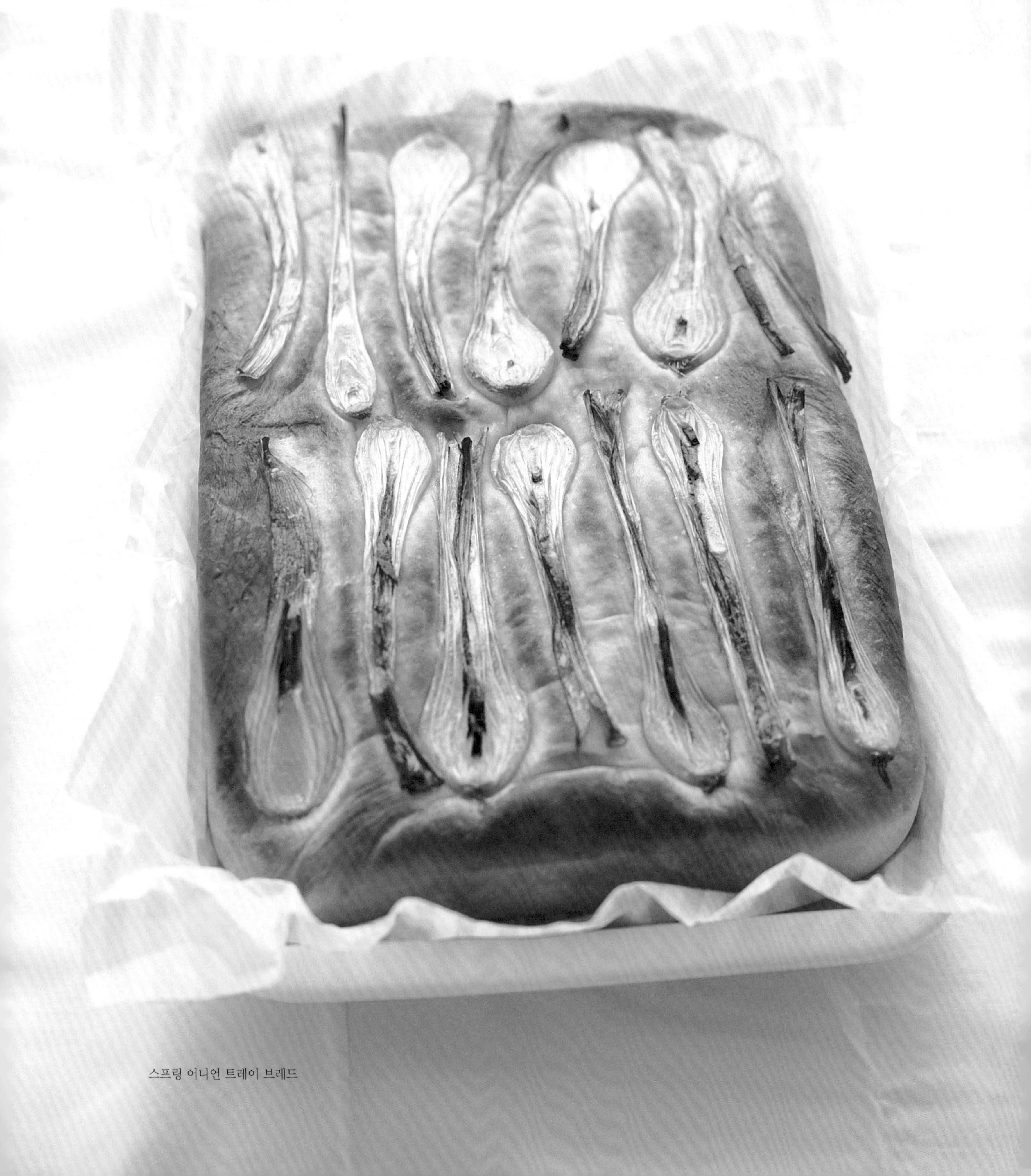

스프링 어니언 트레이 브레드

크랩 브루스케타

크랩 브루스케타

얇은 사워도우 브레드 슬라이스 • 4쪽
올리브오일
마요네즈 • 2테이블스푼
라임주스 • 2티스푼
강판에 곱게 간 라임껍질 • 2티스푼
씨 솔트과 막 갈아낸 후추
삶은 게살 • 400g
맵지 않은 풋고추 슬라이스 • 1개
파채 • 2뿌리
조각낸 라임

오븐을 섭씨180도(화씨 355도)로 예열한다. 브레드에 올리브오일을 바르고 베이킹트레이에 가지런히 놓는다. 2~3분 정도, 혹은 브레드가 황금색을 띠고 바삭바삭해질 때까지 구운 다음 잠시 한쪽에 둔다. 마요네즈, 라임주스, 라임껍질, 소금과 후추를 볼에 담아 잘 섞고, 게살도 넣어 잘 섞는다. 크랩 믹스를 브레드 위에 올리고 고추와 파채로 장식한다. 조각낸 라임과 함께 낸다.(4인분)

쿠스쿠스로 채운 주키니플라워

조리된 쿠스쿠스 • 1/2컵(100g)
다진 바질 잎 • 1/4컵
다진 마늘 • 1쪽
으깬 고트치즈 • 110g
올리브오일 • 1테이블스푼
씨 솔트과 막 갈아낸 후추
주키니플라워 • 12개
여분의 올리브오일 • 1테이블스푼
다듬어 데친 화이트 아스파라거스 • 12줄기
바질버터
상온에서 녹인 무염 버터 • 100g
다진 바질 잎 • 2테이블스푼

버터와 바질을 볼에 넣고 저어서 잘 섞어 바질버터를 만든 다음 한쪽에 둔다.
쿠스쿠스, 바질, 마늘, 고트치즈, 올리브오일, 소금과 후추를 볼에 넣고 살짝만 섞는다. 주키니플라워에 앞서 만든 믹스를 2테이블스푼씩 채운 뒤 속이 빠지지 않도록 꽃잎의 끝자락을 모아 살짝 꼬아준다. 큰 논스틱 프라이팬을 중불에 예열한다. 여분의 올리브오일을 팬에 붓고 주키니플라워를 한 면에 2분 정도씩, 혹은 주키니플라워가 황금색을 띨 때까지 뒤집어가며 튀긴다. 따뜻한 상태를 유지시켜 한쪽에 둔다. 바질버터를 팬에 넣어 녹인다. 주키니플라워와 아스파라거스를 접시에 가지런히 세팅한 뒤 바질버터를 스푼으로 떠서 뿌리고 바로 낸다.(4인분)

양상추 크리스피 어니언 샐러드

얇게 링 모양으로 저민 브라운 어니언 • 2개
쌀가루 • 1/4컵(50g)
튀김 용 식물성 오일 적당량
겉잎을 제거한 양상추 • 1통
화이트 와인 비니거 • 1티스푼
달걀 • 4개
화이트 비니거 드레싱
엑스트라버진 올리브오일 • 2 1/2테이블스푼
화이트 와인 비니거 • 1테이블스푼
씨 솔트과 막 갈아낸 후추

올리브오일, 비니거, 소금과 후추를 잘 섞일 때까지 휘저어 화이트 비니거 드레싱을 만들어 놓는다. 어니언에 쌀가루를 묻힌다. 작은 프라이팬의 바닥을 얇게 덮을 정도로 오일을 붓고 중불에 달군다. 어니언을 2~3분, 혹은 황금색을 띠고 바삭바삭해질 때까지 튀긴다. 종이를 깔고 팬에서 건져 기름기를 뺀다. 양상추를 컵 모양으로 자른다. 튀김 용 팬에 물을 붓고 막 끓기 시작할 때까지 끓여 비니거를 넣은 다음, 나무수저를 이용해 작은 소용돌이를 만든다. 달걀을 깨서 각자 작은 볼에 따로 담고 끓는 물에 넣어 3~4분 정도 익혀 수란을 만든 다음, 구멍 뚫린 스푼을 사용하여 조심스럽게 건진다. 상추 위에 어니언 링과 수란을 얹는다. 스푼으로 드레싱을 끼얹어 낸다.(4인분)

삶은 닭고기와 스프링 어니언 샐러드

닭 육수 • 1L(4컵)
다듬고 반으로 가른 스프링 어니언 • 4뿌리
닭 가슴 필레 • 200g짜리 2개
겉잎을 제거한 뒤 분리한 버터 레터스 • 1통
종잇장처럼 얇게 저민 셀러리 • 2줄기
레몬 드레싱
올리브오일 • 2테이블스푼
곱게 채 썬 레몬 제스트 • 2테이블스푼
씨 솔트과 막 갈아낸 후추

올리브오일, 레몬 제스트, 소금과 후추를 작은 냄비에 넣고 약불에서 2분간 데워 레몬 드레싱을 만들어 한쪽에 둔다.
깊은 프라이팬에 육수를 넣고 자작하게 끓인다. 스프링 어니언을 5분간 삶은 뒤 꺼내둔다. 닭 가슴살을 15분, 혹은 완전히 익을 때까지 삶는다. 닭이 따뜻할 때 썰어서 상추, 샐러리, 스프링 어니언과 함께 접시에 세팅해서 낸다.(4인분)

쿠스쿠스로 채운 주키니플라워

양상추 크리스피 어니언 샐러드

삶은 닭고기와 스프링 어니언 샐러드

프리저브 레몬을 곁들인 페이퍼 백 도미

펜넬 샐러드를 곁들인 팬 프라이 연어

프리저브 레몬을 곁들인 페이퍼 백 도미

곱게 저민 레몬껍질 브리저브 • 2테이블스푼
반으로 가른 마늘 • 3쪽
비늘을 제거하고 깨끗이 손질한 어린 도미 • 400g 1마리
씨 솔트과 막 갈아낸 후추
바질 • 1/2묶음
올리브오일 • 2테이블스푼
화이트 와인 • 1/4컵(60ml)

오븐을 섭씨 180도(화씨 355도)로 예열한다. 논스틱 베이킹페이퍼 2장을 40cm 길이로 자른다. 한 장을 베이킹트레이에 깔고 프리저브 레몬과 마늘의 반 분량을 각각 중앙에 펴 바른 다음 그 위에 생선을 놓는다. 소금과 후추를 생선 위에 뿌리고 바질을 얹어 요리 용 노끈으로 묶는다. 올리브오일과 와인을 생선 위에 붓고 나머지 한 장의 베이킹페이퍼로 덮는다. 아래와 위 종이의 모서리를 함께 접어 틈새를 없앤다. 30~35분, 혹은 생선이 완전히 익을 때까지 굽는다.(2인분)

펜넬 샐러드를 곁들인 팬 프라이 연어

껍질을 제거한 연어 필레 • 200g짜리 4장
브러싱 용 올리브오일 약간
씨 솔트과 막 갈아낸 후추
다듬고 얇게 저민 펜넬 • 1뿌리
어린 시금치 잎 • 100g
얇게 저민 작은 레드 어니언 • 1개
바질 잎 • 1컵

머스터드 드레싱

레몬주스 • 2테이블스푼
디종 머스터드 • 1티스푼
다진 마늘 • 1쪽
정제설탕(캐스터슈거) • 1티스푼
엑스트라버진 올리브오일 • 1/4컵(60ml)
씨 솔트과 막 갈아낸 후추

레몬주스, 머스터드, 마늘, 설탕, 엑스트라버진 올리브오일, 소금과 후추를 볼에 담고 잘 섞일 때까지 휘저어 머스터드 드레싱을 만들어 한쪽에 둔다. 큰 논스틱 프라이팬을 중불에 달군다. 연어에 올리브오일을 바르고 소금과 후추로 간을 한다. 한 면당 4~5 분간, 혹은 원하는 만큼 익을 때까지 구워, 식힌 후 반으로 자른다. 펜넬, 시금치, 어니언, 바질을 볼에 담는다. 머스터드 드레싱을 붓고 살살 섞는다. 접시에 나누어 담고 연어와 함께 낸다.(4인분)

훈제 숭어, 감자 민트 샐러드

채트 감자 • 1kg
잘게 찢은 훈제 숭어 필레 • 175g짜리 2장
민트 잎 • 2컵
딜 잎 • 1컵

사워크림 드레싱

사워크림 • 1/2컵 (120g)
화이트 발사믹 비니거+ • 1테이블스푼
다진마늘 • 1쪽
씨 솔트과 막 갈아낸 후추

사워크림, 비니거, 마늘, 소금과 후추를 볼에 넣고 잘 섞일 때까지 저어 사워크림 드레싱을 만들어 한쪽에 둔다.
큰 냄비에 찬물을 받아 소금을 넣은 뒤 감자를 넣어 센불에서 펄펄 끓기 시작하면 15~20분, 혹은 잘 익을 때까지 더 삶는다. 물기를 빼고 식기를 기다려 자른다. 숭어, 민트, 딜을 함께 섞고 드레싱을 스푼으로 떠서 끼얹는다.(4인분)

\+ 화이트 발사믹 비니거는 보통 발사믹 비니거와 마찬가지로 끝에 단맛이 느껴진다. 색이 옅어 다른 식재료 본연의 색을 지켜주는 장점이 있다.

허브 크러스트 송아지 로인

올리브오일 • 1 테이블스푼
지방을 발라낸 송아지 로인+ • 1kg
씨 솔트과 막 갈아낸 후추
디종 머스터드 • 1 1/2테이블스푼
레몬주스 • 1테이블스푼
다진 이탈리안 파슬리 • 2테이블스푼
다진 차이브 • 2테이블스푼

오븐을 섭씨 200도(화씨 390도)로 예열한다. 송아지 고기를 오일로 마사지한 다음, 소금과 후추를 뿌린다. 논스틱 프라이팬을 센불로 가열한다. 송아지 고기를 한 면당 4분씩 굽는다. 디종머스터드와 레몬주스를 혼합해 송아지 고기에 펴 바른다. 베이킹페이퍼를 깐 베이킹트레이에 송아지 고기를 올리고 10분(미디움레어), 혹은 원하는 만큼 익힌다. 다 익은 송아지 고기는 10분 정도 두었다가 파슬리와 차이브를 섞은 믹스에 굴린다. 따뜻할 때, 혹은 상온에서 슬라이스해서 낸다.(8인분)

\+ 정육점에서 송아지 로인에 붙은 지방을 제거해달라고 해도 좋다. 집에서 할 때는 매우 잘 드는 작은 칼을 사용해 모든 지방과 겉에 붙은 은빛이 도는 얇은 막도 완벽하게 제거한다.

훈제 숭어, 감자 민트 샐러드

따스한 봄 햇살의 첫 느낌을 품에 안고
무엇이든 주섬주섬 챙겨서
밖으로 나가 한가한 점심을 즐긴다.
가까운 이들, 사랑하는 이들을 초대하고
어린 아이들은 자유롭게 놀고
탐험을 즐기게 둔다.
그리고 신선한 맛의
향연을 준비한다.

허브 크러스트 송아지 로인

참치 라임 마요네즈와 양상추 컵

참치 라임 마요네즈와 양상추 컵

다듬어 데친 아스파라거스 • 250g
워터크레스 줄기 • 1 1/2컵
컵 모양으로 다듬은 양상추 잎 • 8장
사시미 용 참치 로인 • 200g짜리 2개
식물성 식용유 약간
막 갈아낸 후추
라임 마요네즈
마요네즈 • 1/2컵(150g)
라임주스 • 2테이블스푼
강판에 곱게 간 라임껍질 • 1티스푼

마요네즈, 라임주스, 라임껍질을 혼합하여 라임 마요네즈를 만들어 한쪽에 둔다. 아스파라거스를 아주 얇게 저며, 워터크레스와 함께 섞어 양상추 컵에 담는다. 참치 로인을 3등분하여 오일을 바르고 후추를 뿌린다. 참치를 한 면당 10~20초 정도 재빨리 구운 뒤 5mm 두께로 24조각으로 나눈다. 참치 조각들을 나누어 양상추 컵에 올리고 라임 마요네즈를 끼얹는다.(8인분)

칠리 비프와 스네이크 빈 볶음

비프 필레 • 250g짜리
씨 솔트과 막 갈아낸 후추
두반장 • 1/4컵
식물성 식용유 • 2테이블스푼
저민 마늘 • 2쪽
다듬어 반으로 가른 스네이크 빈 • 300g
간장

비프 필레를 볼에 넣고 소금과 후추로 간을 한 뒤 두반장 2테이블스푼을 골고루 발라준다. 웍이나 큰 논코팅 프라이팬을 센불에서 뜨겁게 달군다. 식용유 1테이블스푼을 넣고 연기가 날 때까지 가열한다.
미디움레어를 원하면 비프 필레를 넣고 4~5분 정도 구운 뒤 뒤집는다. 팬에서 꺼내 알루미늄 포일을 덮어 놓는다.+
남은 식용유와 마늘을 팬에 넣고 30초간 볶는다. 스네이크 빈을 넣고 1분간, 혹은 약간 부드러워질 때까지 볶는다. 남은 두반장을 넣고 뒤적인다.
비프 필레를 슬라이스해서 스네이크 빈과 함께 세팅한 뒤 약간의 간장을 뿌려낸다.(4인분)

+ 소고기를 덮어두면 예열에 의해 고기가 계속 조금씩 익는다. 어떤 부위라도 이 레시피와 어울린다. 우둔살 슬라이스, 혹은 등심이나 채끝도 잘라 사용할 수 있다.

참깨 소금을 곁들인 미소 연어

껍질은 남기고 가시만 발라낸 연어 필레+ • 250g짜리 2개
화이트 미소 된장 • 1테이블스푼
라이스 와인 비니거 • 1테이블스푼
여분의 라이스 와인 비니거 • 1테이블스푼
식물성 식용유 • 2테이블스푼
데쳐서 저민 꼬투리 째 먹는 완두콩 • 200g
다진 마늘 • 1쪽
시판 샬롯 튀김과 생강 절임 • 1/4컵
참깨소금
볶은 참깨 • 1테이블스푼
굵은 씨 솔트 • 1티스푼

참깨와 소금을 절구에 놓고 빻아 참깨소금을 만든 다음 한쪽에 둔다.
연어를 손가락 굵기로 잘라서 금속이 아닌 접시에 놓는다. 미소 된장, 비니거를 연어에 골고루 묻힌다. 웍이나 큰 논스틱 프라이팬을 센불에서 뜨겁게 달군다. 식용유 1테이블스푼을 넣고 연기가 날 때까지 가열한다.
연어를 나누어 1분에 한 번씩 뒤집어가며 껍질이 바삭해지고 살이 알맞게 익을 때까지 구운 다음, 팬에서 꺼내 한쪽에 둔다.
콩깍지와 마늘, 여분의 비니거를 웍에 넣고 저어가며 30초 동안 익힌다.
접시에 세팅한 뒤 연어를 얹고 참깨소금을 뿌려준다. 샬롯 튀김과 생강 절임과 함께 낸다.(4인분)

+ 생선을 구입할 때 가시를 발라달라고 하거나, 집에서 가시를 빼야한다면 손가락으로 연어를 훑어가며 주방 용 족집게를 사용해 돌출된 모든 가시를 빼낸다.

버섯 생강 볶음

식물성 식용유 • 1테이블스푼
저민 마늘 • 2쪽
다진 파(스캘리온) • 1/2컵
저민 생강 • 1테이블스푼
표고버섯 • 100g
느타리버섯 • 100g
팽이버섯 • 100g
중국스타일 조리 용 와인(샤오싱) • 1/2컵(125ml)
굴 소스 • 1/4컵(60ml)

웍이나 큰 논스틱 프라이팬을 센불에서 뜨겁게 달군 후 식용유 1테이블스푼을 넣고 연기가 날 때까지 가열한다. 마늘, 파, 생강을 넣고 저어가며 30초간 익힌다. 여기에 버섯을 넣고 30초 동안 익힌다.
샤오싱과 굴 소스를 넣고 30~40초, 혹은 버섯이 살짝 숨이 죽을 때까지 볶는다.(4인분)

칠리 비프와 스네이크 빈 볶음

참깨소금을 곁들인 미소 연어

버섯 생강 볶음

손쉬운 리코타치즈 시금치 민트뇨끼

손쉬운 리코타치즈 시금치 민트뇨끼

리코타치즈 • 2 1/2컵(500g)
곱게 간 파르메산치즈 • 1/2컵(40g)
살짝 푼 달걀 • 2개
체에 거른 다목적 용 밀가루 • 1컵(150g)
강판에 곱게 간 레몬껍질 • 2티스푼
다진 민트 잎 • 1테이블스푼
해동해서 물기를 빼고 다진 냉동 시금치 • 250g
세몰리나 • 1컵(160g)
생크림(액상) • 1컵(250ml)
여분의 간 파르메산치즈 • 1/2컵(40g)
여분의 민트 잎 • 1/2컵
씨 솔트과 막 갈아낸 후추

리코타치즈, 파르메산치즈, 달걀, 밀가루, 레몬껍질, 민트, 시금치를 볼에 담고 잘 섞어 반죽한다. 세몰리나를 뿌린 넓은 도마 위에 반죽을 놓고 4등분 하여 30cm 길이로 만든 다음, 2cm 두께로 자른다. 뇨끼를 여러 차례 나눠서 끓는 소금물에 2~3분, 혹은 물 위로 뜰 때까지 데치고, 구멍이 뚫린 국자로 건져서 따뜻하게 보온한다.
큰 프라이팬에 크림을 붓고 센불에서 1~2분 정도, 혹은 골고루 덥혀질 때까지 가열한다. 뇨끼, 여분의 파르메산치즈, 민트, 소금과 후추를 더하고 섞는다.(4인분)

레몬 크림 소스를 곁들인 연어

껍질이 남아있는 연어 스테이크 • 200g짜리 4장
올리브오일 • 2티스푼
닭육수 • 1/2컵(125ml)
레몬주스 • 1/4컵(60ml)
생크림(액상) • 1/2컵(125ml)
다듬어 데친 아스파라거스 • 300g
다듬어 데친 그린 빈, 혹은 옐로우 빈 • 200g

논스틱 프라이팬을 중불이나 센불에서 달군다. 연어에 올리브오일을 발라 껍질이 아래로 가도록 하여 3분, 혹은 껍질이 황금색을 띠고 바삭해질 때까지 굽는다. 뒤집어서 1분, 혹은 원하는 만큼 더 구운 다음, 팬에서 꺼내 보온해 놓는다.
팬에 남은 기름을 따라버리고 닭 육수를 붓는다. 센불에서 1분간 저어가며 덥힌다. 레몬주스와 크림을 넣고 3분, 혹은 살짝 걸쭉해질 때까지 가열한다. 아스파라거스와 빈을 접시에 나누어 담고 연어와 소스를 얹어낸다.(4인분)

참깨 드레싱을 곁들인 참치 킹피시 사시미

워터크레스 가지 • 70g
얇게 자른 김 • 20g
다진 차이브 • 1/4컵
다듬어 얇게 저민 사시미 용 참치 • 100g
다듬어 얇게 저민 사시미 용 킹피시 • 100g
검은 참깨+ • 1/4컵(35g)
레바논 오이 슬라이스 • 1개

참깨 드레싱
간장 • 1/4컵(60ml)
브라운슈거 • 1테이블스푼
볶은 참깨 • 1티스푼

간장, 설탕, 참깨를 볼에 넣고 잘 휘저어 참깨 드레싱을 만들어 한쪽에 둔다. 워터크레스, 김, 차이브를 작은 볼에 넣고 뒤적여 한쪽에 둔다. 참치와 킹피시를 한 장씩 번갈아 쌓는다. 사시미의 끝을 검은깨에 굴린 뒤 접시에 담는다. 워터크레스 믹스를 오이 슬라이스 위에 놓고 참깨 드레싱과 곁들여 낸다.
+ 검은깨는 흰깨와 같은 종류이나, 향이 약간 더 센 편이다.

레몬 크림 소스를 곁들인 연어

참깨 드레싱을 곁들인 참치 킹피시 사시미

펜넬 베이크 연어

다듬어 저민 큰 사이즈 펜넬 • 2뿌리
채친 레드 어니언 • 2개
올리브오일 • 2테이블스푼
타라곤 잎 • 2테이블스푼
씨 솔트과 막 갈아낸 후추
껍질이 남아있는 연어 필레 • 900g짜리 1장
다진 이탈리안 파슬리 • 1/3컵
강판에 곱게 간 레몬껍질 • 1 1/2테이블스푼
물에 헹군 염장 케이퍼 • 1테이블스푼
여분의 올리브오일 • 1/4컵(60ml)

오븐을 섭씨 200도(화씨 390도)로 예열한다. 펜넬, 어니언, 올리브오일, 타라곤, 소금과 후추를 섞고 커다란 베이킹 접시에 담은 후 20분간 굽는다. 연어를 야채 위에 놓는다. 파슬리, 레몬껍질, 케이퍼, 여분의 올리브오일을 섞어 연어의 가운데 세로부위를 따라 끼얹는다. 오븐에 8~10분 정도 굽는다.(4인분)

민트 렘 레그

올리브오일 • 1/4컵(60ml)
몰트 비니거 • 1/3컵(80ml)
브라운슈거 • 2테이블스푼
다진 민트 잎 • 1단
뼈 있는 렘 레그 • 1.5kg
씨 솔트과 막 갈아낸 후추
다듬어 데친 그린 아스파라거스 • 2단
다듬어 데친 화이트 아스파라거스 • 2단
민트 소스
몰트 비니거 • 1/3컵(80ml)
브라운슈거 • 2테이블스픈
다진 스피어민트 잎+ • 1단

비니거, 설탕, 스피어민트를 볼에 넣고 저어 섞어 민트 소스를 만들어 한쪽에 둔다.
올리브오일, 비니거, 설탕, 민트를 볼에 담고 섞는다. 렘을 큰 베이킹 접시에 놓고, 잘 드는 칼로 칼집을 넣은 후 소금과 후추로 간을 한다. 앞에서 만들어 놓은 오일 믹스를 부은 뒤 덮어서 냉장고에서 1시간가량 숙성시킨다. 오븐을 섭씨 200도(화씨 390도)로 예열한다. 45분간 구우면 미디엄레어가 된다. 기호에 따라 더 굽는다. 아스파라거스와 민트 소스와 함께 낸다.(4~6인분)
+ 동그랬다가 끝으로 갈수록 뾰족한 잎을 가진 스피어민트는 동그란 잎사귀를 가진 민트에 비해 더 톡 쏘는 맛이 있다. 바로 이런 특징 때문에 소스나 젤리를 만들 때 제격이다. 스피어민트가 없다면 그냥 민트를 사용해도 무방하다.

파 피클과 핑크 페퍼콘 비프

비프 필레 • 600g 1쪽
올리브오일 약간
거칠게 빻은 핑크 페퍼콘 • 3테이블스푼
씨 솔트
파 피클
화이트 비니거 • 1 3/4컵(435ml)
정제설탕(캐스터슈거) • 1 1/2컵(330g)
핑크 페퍼콘 • 1/2테이블스푼
월계수 잎 • 2장
다듬어 일정한 길이로 썬 파(스캘리온) • 2단
올리브오일 • 1테이블스푼
씨 솔트과 막 갈아낸 후추

비니거, 설탕, 페퍼콘, 월계수 잎을 중간 사이즈 냄비에 넣고 센불에서 설탕이 다 녹을 때까지 저어주면서 끓인다. 한쪽에 두고 식힌다.
그릴 팬을 센불에 달구고 파, 오일, 소금과 후추를 볼에 담고 버무린다. 파를 3~4분, 혹은 부드러워질 때까지 구워, 병에 담고 처음에 만든 비니거 믹스를 부어 1시간 동안 숙성시킨다.
오븐을 섭씨 200도(화씨 390도)로 예열하고, 비프에 오일을 바른 다음 페퍼콘과 소금을 뿌리고 조리 용 노끈으로 묶어준다. 큰 사이즈의 논스틱 프라이팬을 센불에 달군다. 비프를 넣고 한 면당 1~2분, 혹은 겉이 갈색이 될 때까지 굽는다. 비프를 베이킹트레이에 놓고 오븐에서 10분간 구우면 미디움레어가 된다. 기호에 따라 더 굽는다.
4등분하여 파 피클과 함께 담아낸다.(4인분)

섬세한 해산물의 풍미는
봄 손님 초대에 안성맞춤이다.
새로운 시작을 알리고
새봄에 어울리는
심플한 조합을 유지한다.

펜넬 베이크 연어

민트 렘 레그

파 피클과 핑크 페퍼콘 비프

스위트

로즈워터 요거트를 곁들인 멜론

껍질을 벗겨 씨를 뺀 멜론(캔탈롭), 허니듀 멜론 슬라이스 • 200g씩
피스타치오, 꿀 약간
로즈워터 요거트
데힌 꿀 • 2테이블스푼
로즈워터 • 1/2티스푼
내추럴 요거트 • 2컵(560g)

요거트, 꿀, 로즈워터를 볼에 담아 저어 섞은 후 로즈워터 요거트를 만들어 놓는다. 멜론 슬라이스를 네 접시에 고르게 나누어 담고 로즈워터 요거트를 끼얹는다. 피스타치오를 올리고 꿀을 뿌린다.(4인분)

로스트 버처 뮤즐리

압착 오트밀 • 4컵(360g)
다진 아몬드 • 1컵(160g)
호박씨 • 1컵(200g)
말린 사과 • 1/2컵(60g)
다져서 말린 살구 • 1/4컵(35g)
꿀 • 1/3컵(120g)
내추럴 요거트

오븐을 섭씨 180도(화씨 355도)로 예열한다. 압착 오트밀, 아몬드, 호박씨, 사과, 살구, 꿀을 볼에 담아 섞는다. 베이킹페이퍼를 깐 베이킹트레이에 믹스를 담고 15분, 혹은 황금색을 띠게 익을 때까지 구운 다음 요거트를 곁들여 낸다.(6인분)

브리오슈를 곁들인 스윗 허니 리코타

리코타치즈 • 1컵(200g)
물 • 1컵(250ml)
꿀 • 1/3컵(120g)
갈라서 씨를 발라낸 바닐라 빈 • 1줄기
구운 브리오슈 슬라이스와 허니콤

리코타를 1컵 분량(250ml)+ 정도의 틀에 넣고 냉장고에 1시간 정도, 혹은 굳을 때까지 둔다. 물, 꿀, 바닐라 빈과 씨를 작은 냄비에 넣고 중불에서 잘 섞이도록 저어가며 가열한다. 끓는 시점으로부터 12~15분 정도, 혹은 시럽형태가 될 때까지 저어가며 끓인 다음 체에 걸러 식힌다. 리코타 틀을 접시에 엎는다. 꿀을 붓고 허니콤, 브리오슈와 함께 낸다.(2인분)
+ 치즈 틀이 없다면 리코타치즈를 고운 체에 걸러 물기를 제거한 후 접시(250ml)로 눌러준다.

시나몬 버터를 곁들인 미니 핫케이크

버터밀크+ • 1컵(250ml)
달걀노른자 • 2개
강판에 곱게 간 레몬껍질 • 1테이블스푼
바닐라추출액 • 1티스푼
녹인 버터 • 25g
꿀 • 1/4컵(90g)
다목적 용 밀가루 • 1 1/4컵(185g)
베이킹파우더 • 1 1/4티스푼
잘 휘저은 달걀흰자 • 2개
여분의 버터 • 25g
시나몬 버터
부드럽게 녹인 버터 • 100g
간 시나몬 • 1/4티스푼
꿀 • 1/4컵(90g)

핸드 믹서를 사용해 버터, 시나몬, 꿀을 4~5분 동안, 혹은 가볍고 크림처럼 될 때까지 저어 시나몬 버터를 만들어 한쪽에 둔다.
버터밀크, 달걀노른자, 레몬껍질, 바닐라를 볼에 담아 섞은 다음 녹인 버터와 꿀을 넣고 잘 섞는다. 밀가루와 베이킹파우더를 체에 걸러 넣고 부드러워질 때까지 젓는다.
다른 볼에 달걀흰자를 휘저어서 부드러운 산을 만들어 밀가루 반죽에 집어넣는다. 여분의 버터를 논스틱 프라이팬에서 중불로 녹인 뒤 반죽을 2테이블스푼씩 떼어 굽는다. 한 면당 1~2분 정도, 혹은 황금색을 띠게 익을 때까지 굽는다. 시나몬 버터와 함께 낸다.(20개)
+ 버터밀크는 약간 시큼한 맛이 나는 액체로 저지방, 혹은 무지방 우유와 배합하여 만든다. 베이킹파우더와 상호 작용하여 핫케이크의 질감을 가볍게 해준다.

서양 배 글레이즈

버터 • 75g
꿀 • 1컵(360g)
오렌지 리큐어 • 2테이블스푼
강판에 곱게 간 오렌지 혹은 레몬껍질 • 2테이블스푼
껍질을 벗겨 2등분 한 서양 배 • 4개

버터, 꿀, 리큐어를 크고 깊은 프라이팬에 담아 저으면서 녹인다. 레몬이나 오렌지껍질, 서양 배를 넣고 끓인다. 끓으면 불을 줄이고 15분 정도, 혹은 배가 부드러워질 때까지 약하게 졸인다.(2인분)

로즈워터 요거트를 곁들인 멜론

로스트 버처 뮤즐리

브리오슈를 곁들인 스윗 허니 리코타

시나몬 버터를 곁들인 미니 핫케이크

서양 배 글레이즈

크림을 곁들인 스펀지 키시즈

달걀 • 4개
정제설탕(캐스터슈거) • 1/2컵(110g)
바닐라추출액 • 1티스푼
체에 거른 베이킹파우더가 든 밀가루 • 1컵(150g)
헤비크림
체에 거른 아이싱 용 설탕

오븐을 섭씨 180도(화씨 355도)로 예열한다. 달걀, 설탕, 바닐라를 일렉트릭 믹서 볼에 넣고 5~7분, 혹은 걸쭉해지고 색이 옅어지고 부피가 3배 될 때까지 돌린 다음 밀가루를 조금씩 섞는다.
베이킹페이퍼를 깐 베이킹트레이에 2티스푼씩의 반죽을 떨군다. 5~7분 혹은, 잘 부풀고 노란색을 띨 때까지 굽는다. 크림을 스펀지 키시즈 사이에 끼워 샌드위치를 만든다. 아이싱 용 설탕을 체에 걸러 스펀지 키시즈 위에 뿌린다.(25개)

허니 크림 스펀지케이크

다목적 용 밀가루 • 1 1/4컵(185g)
베이킹파우더 • 1/2티스푼
달걀 • 6개
정제슈거(캐스터슈거) • 3/4컵(165g)
녹인 버터 • 60g
휘핑크림 • 2컵
바닐라 허니
꿀 • 1컵(360g)
갈라서 씨를 발라낸 바닐라 빈 • 1줄기

오븐을 섭씨 180도(화씨 355도)로 예열한다. 꿀과 바닐라 빈을 중간 사이즈 냄비에 넣고 낮은 불에서 자작하게 3~4분 정도 끓여 바닐라 허니를 만들어 한쪽에 둔다.
밀가루와 베이킹파우더를 체에 3번 거르고, 달걀과 설탕은 일렉트릭믹서 볼에 넣고 8~10분, 혹은 걸쭉해지고 색이 옅어지고 부피가 3배 될 때까지 돌린다. 달걀 믹스와 체에 거른 밀가루 믹스에 버터를 찔러 넣는다.
베이킹페이퍼를 깐 20cm짜리 둥근 케이크 팬 2개에 반죽을 나눠 담는다. 25분, 혹은 케이크를 만졌을 때 탄력성이 느껴지고 모서리 부분이 잘 떨어질 때까지 구운 후 와이어 렉에서 식힌다.
3/4분량의 바닐라 허니를 스펀지케이크 2개에 골고루 나눠 뿌리고, 위핑크림의 반은 스펀지케이크 사이에 끼워 샌드위치로 만든다. 나머지 크림을 케이크 위에 바르고 바닐라 허니를 끼얹는다.(8~10인분)

허니드롭 비스킷

녹인 버터 • 180g
정제설탕(캐스터슈거) • 1컵(220g)
바닐라추출액 • 1티스푼
달걀 • 1개
다목적 용 밀가루 • 2 1/2컵(375g)
베이킹파우더 • 1/2티스푼
크림 허니+ • 1/2컵(180g)

오븐을 섭씨 180도(화씨 355도)로 예열한다. 버터, 설탕, 바닐라추출액을 일렉트릭믹서 볼에 담아 가볍고 크림처럼 될 때까지 돌린다.
달걀을 더하고 잘 젓는다. 밀가루와 베이킹파우더를 체에 걸러 합쳐 부드러운 반죽을 만든다.
2~3테이블스푼 분량의 반죽을 굴려서 경단 모양을 만든다.
논스틱 베이킹페이퍼를 베이킹트레이에 깔고 비스킷을 가지런히 놓는다. 이때 비스킷이 구워지면서 서로 닿지 않도록 일정 거리를 유지한다.
나무스푼을 사용해 비스킷 가운데를 눌러 자국을 남긴다. 10분, 혹은 황금색을 띠게 익을 때까지 구운 다음 와이어 렉에서 식힌다. 크림 허니를 스푼으로 떠서 가운데 자국 난 곳을 채운다.(60개)

+ 크림 허니는 글루코스(glucose, 포도당, 포도의 당분을 형성하고 있는 당분의 일종)가 꿀에서 떨어져 나와 좀 더 단단한 촉감을 가진 스프레드로 변하는 과정을 인위적으로 재현한 것이다. 붓기보다는 스푼으로 떠 넣는 것이 편하다.

봄의 풍요로움을
십분 활용하여 만든
훌륭한 다과를 즐기는
여유를 가져 본다.
꿀을 뿌린 케이크, 비스킷,
달콤한 과자들이
이 계절을 노래한다.

크림을 곁들인 스펀지 키시즈

허니 크림 스펀지케이크

허니드롭 비스킷

코코넛 브레드 + 손쉬운 자몽잼

코코넛 브레드

녹인 버터 • 280g
강판에 곱게 간 레몬껍질 • 2테이블스푼
정제설탕(캐스터슈거) • 3/4컵(165g)
달걀 • 2개
체에 거른 다목적 용 밀가루 • 3컵(450g)
베이킹파우더 • 2티스푼
건조 코코넛 • 1컵(80g)
아몬드 밀(간 아몬드) • 2/3컵(80g)
버터밀크 • 1컵(250ml)

오븐을 섭씨 160도(화씨 320도)로 예열한다. 버터, 레몬껍질, 설탕을 일렉트릭믹서 볼에 넣고 색이 옅고 크림처럼 될 때까지 믹서를 돌리고, 달걀이 잘 섞이도록 천천히 붓고 잘 섞어준다. 밀가루와 베이킹파우더를 체에 걸러 버터 믹스에 섞고 코코넛, 아몬드 밀, 버터밀크를 찔러 넣듯이 섞는다. 가로세로 31cm × 7.5cm 크기의 빵 틀 내부에 오일을 바른 뒤 논스틱 베이킹페이퍼를 깔고 반죽을 붓는다. 1시간 30분, 혹은 젓가락으로 찔렀을 때 반죽이 묻어나지 않을 정도까지 굽는다. 빵 틀에서 5분간 식힌 뒤 와이어 렉에 뒤집어 꺼낸다. 슬라이스해서 손쉬운 자몽잼과 곁들여 낸다.

손쉬운 자몽잼

반으로 갈라 얇게 저민 루비레드 자몽 • 2개
정제설탕(캐스터슈거) • 2 1/2컵(550g)
물 • 1/4컵(60ml)
반으로 갈라 씨를 발린 바닐라 빈 • 1줄기

자몽, 설탕, 물, 바닐라 빈을 큰 냄비에 넣고 끓인다.
팔팔 끓으면 중불로 줄여서 15~20분, 혹은 잼이 약간 걸쭉하고 시럽 느낌이 될 때까지 졸인다.(2컵 분량)

오렌지 아몬드 핑거

오렌지 • 1개
체에 거른 다목적 용 밀가루 • 3/4컵(105g)
체에 거른 아이싱 용 설탕 • 2컵(320g)
아몬드 밀(간 아몬드) • 1컵(120g)
녹인 버터 • 180g
달걀흰자 • 6개

오븐을 섭씨 160도(화씨 320도)로 예열한다. 중간 사이즈 냄비에 오렌지와 물을 넣고 끓인다. 약 20분, 혹은 오렌지가 잘 무를 때까지 졸인다. 물을 따라버리고 오렌지를 푸드프로세서에 넣고 반죽이 될 때까지 간다. 밀가루, 설탕, 아몬드 밀, 버터, 달걀흰자, 오렌지를 볼에 담아 섞어서 잘 뭉치게 한다.
정사각형 모양의 20cm 타르트 틀에 기름을 바르고 반죽을 넣은 뒤 50분, 혹은 황금색을 띠게 익을 때까지 굽는다. 와이어 렉에서 식혀 손가락 모양으로 잘라낸다.(8인분)

밖으로 나가
정원의 아름다운 꽃들을
몇 송이를 따서
시원한 음료와 맛있게 구워진
다양한 먹거리들에 곁들인다.
이것이야 말로
애프터눈 티의
진수가 아니겠는가.

오렌지 아몬드 핑거

허니 점블 케이크

버터 • 75g
꿀 • 1/2컵(180g)
체에 거른 다목적 용 밀가루 • 1컵(150g)
체에 거른 베이킹파우더 • 1 티스푼
정제설탕(캐스터슈거) • 1/2컵(110g)
우유 • 1/2컵(125ml)
살짝 풀어놓은 달걀 • 1개
크리미 아이싱
체에 거른 아이싱 용 설탕 • 2컵(320g)
꿀 • 2테이블스푼
상온에 둔 버터 • 50g
물 • 1 1/2테이블스푼

오븐을 섭씨 160도(화씨 320도)로 예열한다. 버터와 꿀을 작은 냄비에 담고 낮은 불에서 녹이고 부드럽게 섞일 때까지 저어서 식힌다.
밀가루, 베이킹파우더, 설탕을 볼에 담고 우유, 달걀, 앞에서 만든 버터 믹스를 더해 반죽이 어우러질 때까지 저어준다. 논스틱 처리가 되어있는 1/2컵 분량(125ml)의 프리엔드 틀이나 머핀 틀 12개에 기름을 바르고 반죽을 나눠넣는다.
20분, 혹은 젓가락으로 찔렀을 때 반죽이 묻어나오지 않을 때까지 굽는다. 틀에 3~4분 정도 두었다가 틀을 뒤집어 와이어 렉에 놓고 아이싱을 바를 때까지 식힌다.
아이싱 용 설탕, 꿀, 버터를 일렉트릭믹서 볼에 넣고 잘 섞이도록 믹서를 돌려 크리미 아이싱을 만들어 놓는다. 여기에 물을 조금씩 섞어 가벼운 크림 상태가 될 때까지 돌린다. 아이싱을 케이크 위에 바르고 1시간쯤 놓아두었다가 낸다.(12개)

봄이 오면
세상만사 다 좋다.
새들은 둥지를 틀고
벌들이 윙윙 거리며 나를 때…
우리는 맛있는 케이크를
음미한다.

기본머렝 믹스 1

달걀흰자 • 150ml(4개 정도)
정제설탕(캐스터슈거) • 1컵(220g)
화이트 비니거 • 1티스푼

달걀흰자를 일렉트릭믹서에 넣고 뾰족한 봉우리 모양들이 만들어질 때까지 믹서를 돌린다. 여기에 설탕과 비니거를 서서히 더하고, 반죽이 걸쭉하고 윤기가 날 때까지 더 돌려 바로 사용한다.

기본머렝 믹스 2

달걀흰자 • 150ml(4개 정도)
아이싱 용 설탕 • 1 1/2컵(240g)

달걀흰자를 일렉트릭믹서에 넣고 뾰족한 봉우리 모양들이 만들어질 때까지 돌린다. 여기에 설탕을 서서히 더하고, 반죽이 걸쭉하고 윤기가 날 때까지 더 돌려 바로 사용한다.

머렝 레몬케이크

상온에 녹인 버터 • 125g
정제설탕(캐스터슈거) • 1컵(220g)
강판에 곱게 간 레몬껍질 • 1/4컵
달걀 • 2개
체에 거른 다목적 용 밀가루 • 1 1/2컵(225g)
체에 거른 베이킹파우더 • 1 1/2티스푼
우유 • 1/3컵(80ml)
레몬주스 • 2테이블스푼
바닐라 아이스크림 • 6스쿱
기본머렝 믹스1(앞의 레시피 참조)

오븐을 섭씨 160도(화씨 320도)로 예열한다. 버터, 설탕, 레몬껍질을 일렉트릭믹서 볼에 넣고 가벼운 크림 상태가 될 때까지 믹서를 돌린다.
여기에 서서히 달걀을 더해가며 돌린다. 밀가루, 베이킹파우더, 우유, 레몬주스를 썰러 넣는다. 살짝 기름을 칠한 1컵 분량(250ml) 머핀 틀 6개에 반죽을 나눠 담고 30분, 혹은 젓가락으로 찔렀을 때 반죽이 묻어나오지 않을 때까지 굽는다. 틀에서 꺼내 와이어 렉에서 식힌다.
테이블스푼을 이용해 케이크 위쪽에 구멍을 판 뒤 1스쿱의 아이스크림으로 채운다. 쟁반에 가지런히 놓고 냉동실에서 30분간 얼린다. 기본 머렝 믹스를 케이크를 감싸도록 바르고, 베이킹트레이 위에 가지런히 놓는다. 예열된 그릴(브로일러)이나 섭씨 200도(화씨 390도)로 예열된 오븐에서 2~3분, 혹은 머렝의 위가 잘 굳고 노란색을 띨 때까지 굽는다. 바로 낸다.(6개)

허니 점블 케이크

머렝 레몬케이크

밀크초콜릿 커피 레이어 케이크

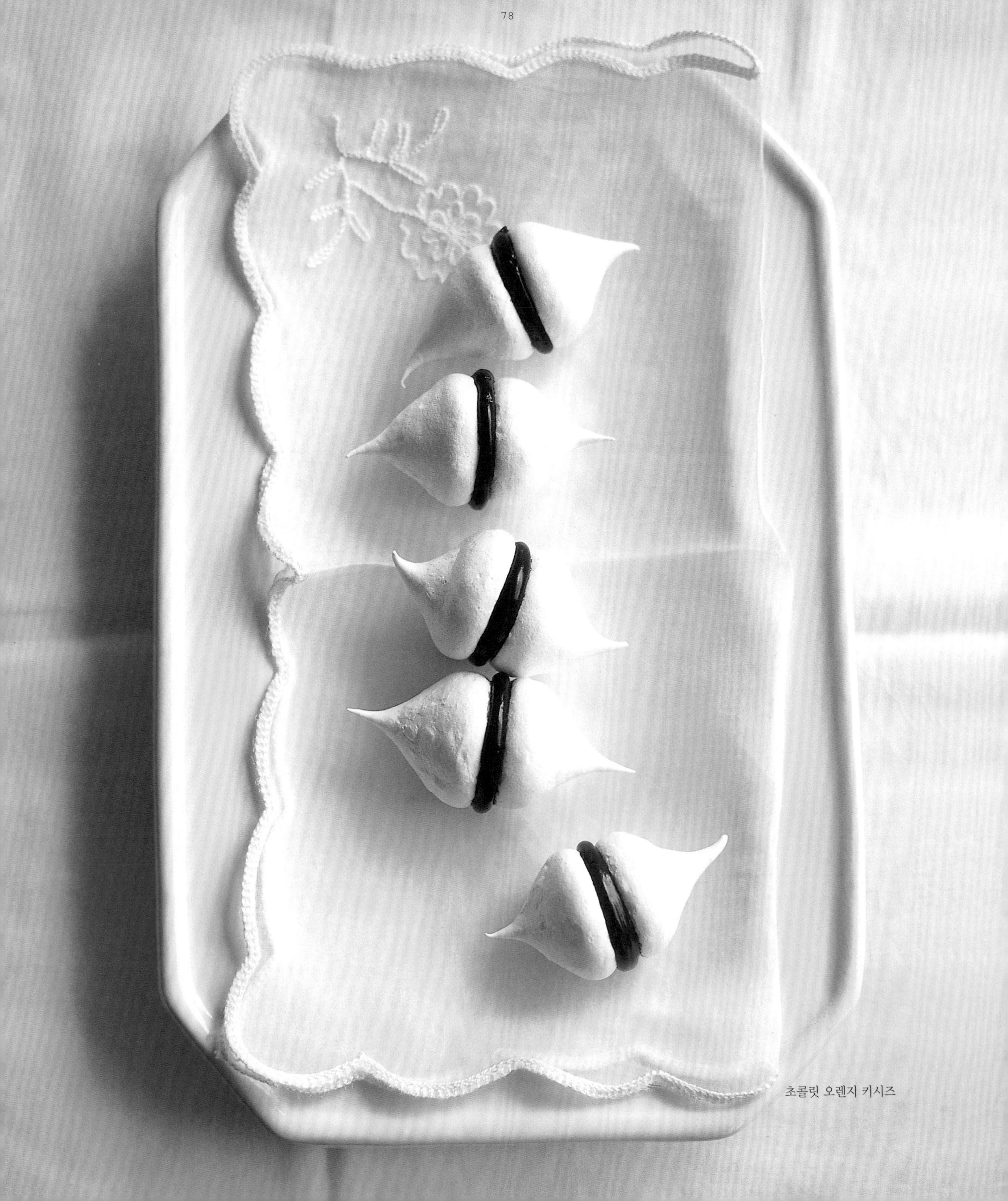

초콜릿 오렌지 키시즈

비터 초콜릿 머렝타르트

밀크초콜릿 커피 레이어 케이크

기본머렝 믹스2(74페이지 레시피 참조)
아몬드 밀(간 아몬드) • 1/2컵(60g)
밀크초콜릿 • 400g
크림(액상 타입) • 1/2컵(125ml)
인스턴트커피 • 2티스푼
여분의 휘핑크림(액상 타입) • 1 1/2컵(375ml)

오븐을 섭씨 120도(화씨 250도)로 예열한다. 기본 머렝 믹스를 볼에 담고 아몬드 밀을 찔러 넣고 반죽한다. 베이킹페이퍼 3장에 20cm 반경의 원을 한 개씩 그려 잘 오려서 각각의 베이킹 팬에 깔아준다. 반죽을 고르게 3등분 하여 팬에 담고 버터나이프를 사용해 평평하게 만든다. 25분간, 혹은 머렝이 바삭하게 될 때까지 굽는다. 오븐을 끄고 30분간 오븐 안에서 그대로 식힌다. 초콜릿, 크림, 커피를 작은 냄비에 넣고 약불에서 저어가면서 초콜릿을 녹인 다음 식힌다.
머렝 하나에 초콜릿 믹스를 바른 뒤 휘핑한 크림을 바른다. 나머지 머렝에도 이 과정을 반복해 쌓는다.(6인분)

초콜릿 오렌지 키시즈

기본머렝 믹스1(74페이지 레시피 참조)
다진 쿠킹 용 다크초콜릿 • 200g
크림(액상 타입) • 1/4컵(60ml)
오렌지리커 • 2테이블스푼

오븐을 섭씨 120도(화씨 250도)로 예열한다. 2개의 베이킹트레이에 논스틱 처리된 베이킹페이퍼를 깔고 기본머렝 믹스를 2테이블스푼씩 떠서 가지런히 정렬한다. 10~15분, 혹은 머렝의 겉이 바삭해질 때까지 구운 다음, 오븐을 끄고 30분간 오븐 안에서 그대로 식힌다.
초콜릿, 크림, 오렌지 리큐어를 작은 냄비에 넣고 약불에서 저어가며 초콜릿을 녹인다. 불에서 내려 크림처럼 부드러워질 때까지 휘저어 식힌다.
머렝 바닥에 초콜릿 믹스를 붙이고, 다른 머렝의 바닥도 맞붙여 샌드위치를 만든다. 이 과정을 반복한다.(20개)

비터 초콜릿 머렝타르트

쇼트브레드 비스킷 • 200g
코코아 • 1테이블스푼
녹인 버터 • 50g
초콜릿 필링
다크초콜릿(70% 코코아) • 400g
크림(액상 타입) • 1컵(250ml)
머렝 토핑
달걀흰자 • 150ml(4개 정도)
정제설탕(캐스터슈거) • 1컵(220g)

쿠키, 코코아, 버터를 푸드프로세서에 넣고 2~3분, 혹은 반죽이 고운 빵가루처럼 될 때까지 돌린다. 반죽을 지름 20cm 타르트 팬에 넣고 눌러 타르트 베이스를 만들어 냉장고에서 15분 정도 두고 굳힌다. 초콜릿과 크림을 작은 냄비에 넣고 약불에서 저어가며 초콜릿을 녹인 다음, 쿠키 베이스 위에 붓고 다시 냉장고에서 30분가량, 혹은 다 굳을 때까지 두어 초콜릿 필링을 만들어 놓는다.
오븐을 섭씨 200도(혹은 화씨 390도)로 예열한다. 달걀흰자를 일렉트릭믹서에 넣고 끝이 너무 뾰족하지 않은 정도의 봉우리가 만들어질 때까지 믹서를 돌린다. 여기에 설탕을 서서히 더해주면서 반죽이 걸쭉하고 윤기가 돌 때까지 돌린다. 스푼을 사용해 반죽을 타르트 위에 올리고 15분간, 혹은 머렝이 황금색을 띠게 익고 굳어질 만큼 굽는다.(6인분)

믹스 베리 레이어 파블로바

기본머렝 믹스2(74페이지 레시피 참조)
휘핑크림(액상 타입) • 1L(4컵)
라즈베리 • 240g
블루베리 • 240g

오븐을 섭씨 120도(화씨 250도)로 예열한다. 20cm×30cm 크기의 베이킹 팬 2개에 논스틱 처리된 베이킹페이퍼를 깔고 스푼을 사용해 기본 머렝 믹스를 펴 넣는다. 25분, 혹은 머렝을 만졌을 때 바삭해질 때까지 굽는다.
머렝을 한 장 깔고 휘핑크림을 바른 뒤 베리를 얹는다. 나머지 머렝을 깔고 휘핑크림과 베리를 얹으면 완성이다.(6~8인분)

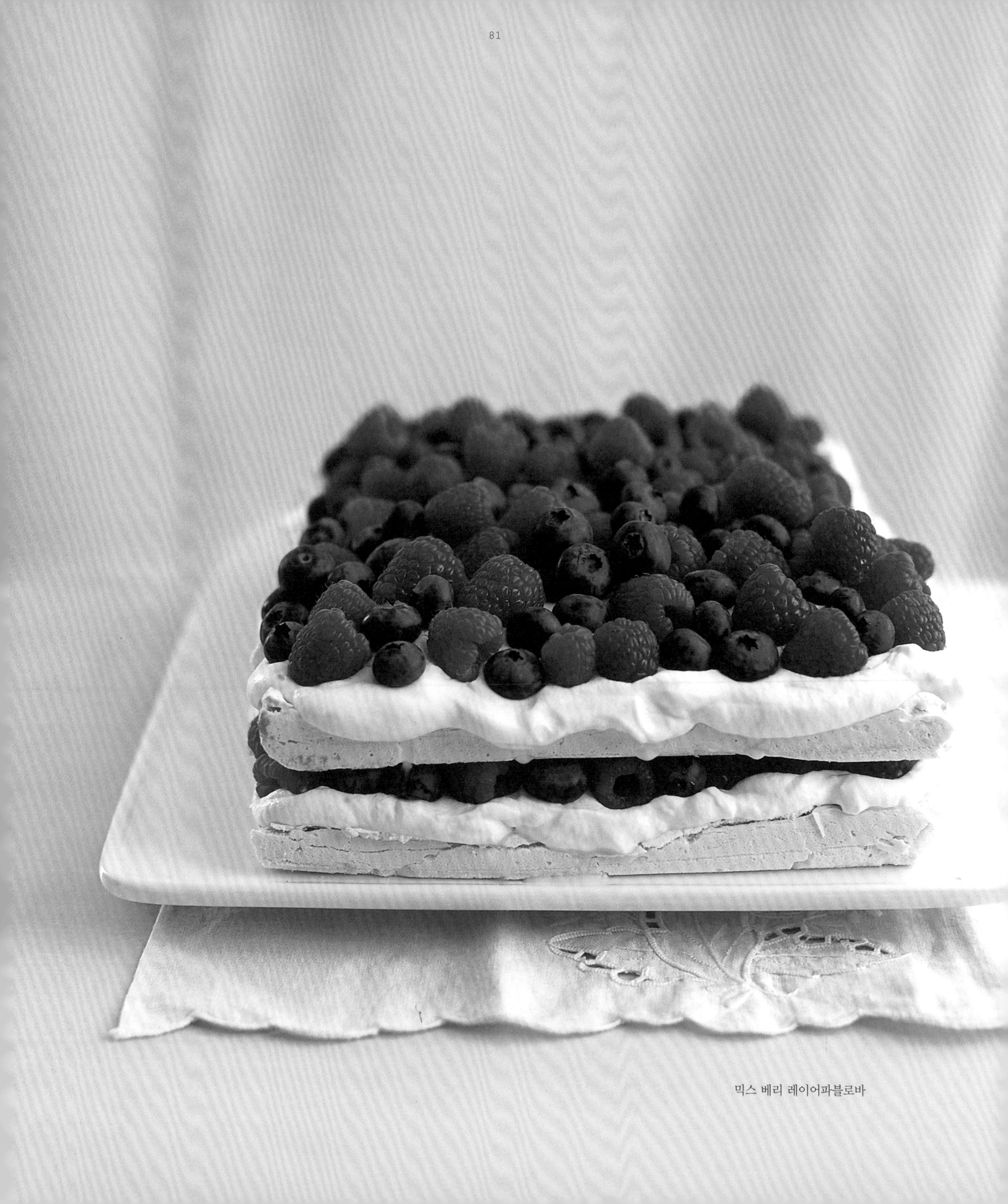

믹스 베리 레이어파블로바

chapter two

Summer

아침 첫 햇살에 잠에서 깬다. 이제는 바람이 솔솔 불어오는
낮 시간, 그리고 조금은 후덥지근한 밤도 여유롭게 즐길 때다.
새삼 길어진 낮을 핑계 삼아 멋진 대자연의 아웃도어를 당신의
식탁 삼아 사랑하는 가족, 친구들과 함께 소박한 한 끼를 나누라.

세이버리

바비큐 베이컨 토마토 에그 스크램블 샌드위치
라임 왕새우 꼬치
라임 와사비 드레싱을 곁들인 관자
차이브 와인 비니거 드레싱을 곁들인 굴
팬 프라이 버터 타임 관자
그린 올리브 아이올리를 곁들인 새우와 칩
판체타 모차렐라 발사믹 샌드위치
로켓 마요네즈를 곁들인 치킨 샌드위치
스테이크 샌드위치
할루미치즈 무화과 석류 샐러드
무화과 고트치즈 타르트
로스트 벨 페퍼 토마토 샐러드
옐로 체리토마토 타틴
포도 잎 할루미치즈 베이크
갈릭 머스터드 비프 꼬치
코리앤더 참깨 라임 참치 꼬치
칠리 카퍼 라임 비프 꼬치
치킨, 할루미치즈 프리저브 레몬 꼬치
레몬그라스 칠리 새우
시금치 페타치즈 파이
레몬과 민트를 곁들인 크리스피 사딘
체리토마토와 마늘 크림을 곁들인 레드 숭어
웍에서 볶아낸 소금 후추 크랩
펜넬 소금을 곁들인 송아지고기 커틀렛
크런치 샐러드를 곁들인 민트 애플 램
갈릭 치킨
케이퍼 버터를 곁들인 송아지 스테이크
페타치즈 가지 미트볼
차치키
오레가노 갈릭 로스트 램
아몬드와 민트를 곁들인 플랫 로스트 치킨

바비큐 베이컨 토마토 에그 스크램블 샌드위치

굵게 3등분 해 자른 잘 익은 토마토 • 1개
지방을 떼어 낸 베이컨 • 2조각
브러싱 용 오일 약간
살짝 푼 달걀 • 2개
두껍게 썬 흰 빵 • 2조각
씨 솔트과 막 갈아낸 후추

바비큐 용 철판+을 중불에서 달군다. 토마토와 베이컨에 오일을 바른 뒤 철판에서 한 번 뒤집어 가면서 4~5분, 혹은 베이컨이 바삭하고 노란빛을 띠거나 토마토가 무를 때까지 굽는다. 온도를 잘 유지시키며 한쪽에 두고, 철판을 깨끗이 닦는다.
철판 위에 논스틱 프라이팬을 얹고 그 위에 풀어 놓은 달걀을 넣는다. 프라이팬의 가장자리부터 안쪽으로 저어주면서 약 1분, 혹은 달걀이 다 익을 때까지 가열한다. 팬을 철판에서 내려놓는다.
빵을 그릴에 살짝 굽는다. 토마토를 살짝 눌러가며 토스트 위에 얹는다. 베이컨과 스크램블 에그를 올리고 소금과 후추로 간을 한 뒤 나머지 토스트 한쪽으로 덮고 바로 낸다.(1인분)
+ 인도어라면 프라이팬 2개를 사용해서 아침을 준비해도 좋다.

라임 왕새우 꼬치

껍질을 제거하고 꼬리만 남긴 왕새우 • 1kg
라임주스 • 1/3컵(80ml)
올리브오일 • 2테이블스푼
씨 솔트과 막 갈아낸 후추
라임 조각 몇 개
아이올리, 혹은 마요네즈 약간

새우, 라임주스, 소금과 후추를 볼에 넣고 잘 섞은 다음 랩을 씌워 냉장고에서 30분간 숙성시킨다. 새우를 3마리씩 꼬치에 끼운다.+ 그릴 팬이나 바비큐 틀을 이용해 센불로 한 면당 2 분씩, 혹은 새우가 다 익을 때까지 익힌다. 라임 조각과 아이올리, 또는 마요네즈를 곁들여 낸다.(4인분)
+ 나무꼬치를 사용한다면, 사용하기 전에 따뜻한 물에 담갔다 바비큐할 때 타는 일이 없도록 한다. 나무꼬치 끝을 알루미늄 포일로 싸는 것도 좋은 방법이다.

라임 와사비 드레싱을 곁들인 관자

피넛오일 • 2테이블스푼
다진 마늘 • 2쪽
라임주스 • 1/3컵(80ml)
와사비 페이스트 • 4티스푼
알을 떼어낸 관자 반각 • 12개
브러싱 용 피넛오일
얇게 서민 파(스캘리온) • 3뿌리
라임 조각 몇 개

그릴(브로일러) 팬을 중불에 달구고, 작은 냄비도 약한 불에서 달군다. 오일과 마늘을 냄비에 넣고 1분간 익힌 뒤 라임주스와 와사비를 휘저어 넣은 다음, 온도를 유지하며 한쪽에 둔다. 관자를 껍질에서 떼어낸 후 껍질은 보관한다. 관자에 여분의 올리브오일을 바른 뒤 그릴(브로일)에서 한 면당 30초씩 익히고, 관자를 껍질에 다시 얹는다. 드레싱과 파를 얹어 라임 조각을 곁들여 낸다.(12개)

차이브 와인 비니거 드레싱을 곁들인 굴

올리브오일 • 2 테이블스푼
화이트 와인 비니거 • 1/3컵(80ml)
강판에 곱게 간 레몬껍질 • 2테이블스푼
곱게 다진 차이브 • 2테이블스푼
껍질을 제거한 굴 • 12개

오일, 비니거, 레몬껍질, 차이브를 볼에 넣고 휘저으며 잘 섞는다. 믹스를 스푼으로 떠서 굴 위에 뿌려 낸다.(12개)

팬 프라이 버터 타임 관자

올리브오일 • 2티스푼
버터 • 20g
다진 마늘 • 1쪽
곱게 다진 타임 잎 • 2티스푼
알을 떼어내지 않은 관자 반각 • 12개
레몬주스 • 2테이블스푼
다진 차이브 • 1테이블스푼

중간 사이즈 프라이팬을 센불에 달구고, 오일, 버터, 갈릭, 타임을 넣고 1분간 익힌다. 관자를 껍질에서 떼어내고 껍질은 보관한다. 관자를 팬에 넣고 한 면당 30초씩 익힌다. 익은 관자를 껍질에 다시 얹는다.
레몬주스를 팬에 넣고 1분간 끓인 뒤 차이브를 더한다.
팬 소스를 관자 위에 부어 낸다.(4인분)

바비큐 베이컨 토마토 에그 스크램블 샌드위치

라임 왕새우 꼬치

여름에는
바다의 풍미를
당할 자가 없다.
한 입 한 입
먹을 때마다
짭조름한 바다의 맛이
고스란히 느껴지는 듯하다.

라임 와사비 드레싱을 곁들인 관자 + 차이브 와인 비니거 드레싱을 곁들인 굴

팬 프라이 버터 타임 관자

그린 올리브 아이올리를 곁들인 새우와 칩

껍질을 제거하고 꼬리만 남긴 중간 사이즈 새우 • 20마리
다진 마늘 • 4쪽
레몬주스 • 1/3컵(80ml)
씨 솔트과 막 갈아낸 후추
껍질을 깐 데즈리(쫄깃한) 감자 • 600g
식물성 튀김 기름
올리브오일 • 1테이블스푼

그린 올리브 아이올리

마요네즈 • 1/2컵(150g)
다진 그린 올리브 • 2테이블스푼
헹궈서 물기를 뺀 염장 케이퍼 • 1테이블스푼
다진 처빌 잎 • 1테이블스푼
다진 마늘 • 1쪽
씨 솔트과 막 갈아낸 후추

마요네즈, 올리브, 케이퍼, 처빌, 다진 마늘, 소금과 후추를 볼에 넣고 잘 섞어 그린 올리브 아이올리를 만든 뒤 한쪽에 둔다.
새우, 나머지 다진 마늘, 레몬주스, 소금과 후추를 볼에 담고 골고루 뒤적여, 5~10분 정도 숙성시킨다. 오렌지 제스터를 사용해 감자를 가늘게 채 썬다. 중간 사이즈 냄비가 반쯤 차도록 식물성 기름을 채우고 센불로 가열한 다음, 감자를 2~3분씩, 혹은 바삭해 질 때까지 여러 번 나누어 튀겨내고, 종이를 받쳐 기름기를 제거한다.
큰 사이즈의 프라이팬을 중간 불에서 달군다. 올리브오일을 넣고 새우를 한 면당 2분씩, 혹은 속이 잘 익을 때까지 나누어 익힌 다음, 새우에 감자튀김과 아이올리를 곁들여 낸다.(4인분)

바삭바삭한 칩과
크리미 아이올리를 곁들인
싱싱한 해산물보다
맛있는 것을 아직
보지 못했다.

판체타 모차렐라 발사믹 샌드위치

4등분 한 사워도우 바게트 • 1개
브러싱 용 올리브오일 약간
프레시 모차렐라치즈 슬라이스 • 큰 사이즈 2덩어리
바질 잎 • 1/2컵
판체타 • 8장
잘 익은 토마토 슬라이스 • 2개
씨 솔트과 막 갈아낸 후추
여분의 엑스트라버진 올리브오일 • 1테이블스푼
발사믹 비니거 • 1테이블스푼

4등분 한 바게트 조각들을 다시 길게 3조각이 되도록 저민 후 빵의 단면에 오일을 바른다. 4조각의 빵 위에 모차렐라와 바질을 얹고, 그 위에 빵을 한 조각씩 더 올린다. 판체타와 토마토를 쌓고 후추를 뿌리고, 오일과 비니거를 뿌린 뒤 남은 빵 조각으로 덮는다.(4개)

로켓 마요네즈를 곁들인 치킨 샌드위치

손질한 닭 가슴 필레 • 200g 2조각
브러싱 용 올리브오일 약간
씨 솔트과 막 갈아낸 후추
부드러운 흰 빵 • 8장
로켓(아루굴라) 약간

로켓 마요네즈

다듬은 로켓(아루굴라) • 1단
레몬주스 • 2테이블스푼
마요네즈 • 3/4컵(225g)
씨 솔트과 막 갈아낸 후추

로켓, 레몬주스, 마요네즈, 소금과 후추를 작은 푸드프로세서 볼에 넣고 잘 섞고 부드러워질 때까지 돌려 로켓 마요네즈를 만들어 한쪽에 둔다.
닭 가슴 필레에 오일을 바르고 소금과 후추로 간을 한다. 중간 크기의 논스틱 프라이팬을 중불에 달군 후 필레를 한 면당 3~4분, 혹은 완전히 익을 때까지 익힌 다음, 한쪽에 두어 잠깐 식하고 저민다. 빵 4쪽에 가각 로켓 마요네즈를 발라주고, 닭 가슴 필레와 로켓을 올린 후 나머지 빵으로 덮는다.(4개)

그린 올리브 아이올리를 곁들인 새우와 칩

판체타 모차렐라 발사믹 샌드위치

로켓 마요네즈를 곁들인 치킨 샌드위치

스테이크 샌드위치

상온에서 녹인 버터 • 125g
다진 차이브 • 1단
다진 마늘 • 1쪽
송아지고기 스테이크 • 4장
브러싱 용 올리브오일 약간
레몬주스 • 1테이블스푼
씨 솔트과 막 갈아낸 후추
4등분 한 바게트 • 1개
곱게 저민 파(스캘리온) • 2뿌리
램 상추+, 혹은 어린 시금치 잎 • 70g
처빌 잎 • 20g

버터, 차이브, 다진 마늘을 볼에 넣고 잘 섞어 한쪽에 둔다.
송아지 스테이크에 오일을 바르고 스푼으로 레몬주스를 떠서 소금, 후추와 함께 뿌려준다. 중간 크기의 논스틱 프라이팬을 센불에서 달군 뒤 스테이크 한 면당 2~3분 혹은 원하는 만큼 익힌다. 바게트 4조각을 세로로 한 번 더 저민 뒤 예열한 뜨거운 그릴(브로일러)에 1분간, 혹은 황금색을 띠게 익을 때까지 굽는다. 버터 믹스를 바른 뒤 파, 램 상추, 처빌, 스테이크를 바게트 4쪽에 올리고 나머지 바게트 조각을 덮는다.(4개)

+ 램 상추는 마타리 상추라고도 불린다.

할루미치즈 무화과 석류 샐러드

올리브오일 • $1/4$컵(60ml)
얇게 저민 할루미치즈 • 250g
민트 잎 • 1컵
로켓(아루굴라) 잎 • 100g
반으로 가른 어린 무화과 • 8개
석류씨와 주스 • 1개
레드 와인 비니거 • 1테이블스푼
여분의 올리브오일 • 2테이블스푼

큰 논스틱 프라이팬에 올리브오일을 넣고 센불에서 달군 후 할루미치즈를 한 면당 2~3분, 혹은 바삭해질 때까지 굽는다. 할루미치즈, 민트 잎, 로켓, 무화과, 석류씨와 주스를 볼에 넣고 비니거와 여분의 올리브오일을 넣고 뒤적인다.(4인분)

무화과 고트치즈 타르트

시판 용 파이 크러스트 • 200g 짜리 2장
고트커드+, 혹은 소프트 고트치즈 • 125g
반으로 가른 검은 무화과 • 4개
달걀 • 3개
크림(액상타입) • $3/4$컵(185ml)
다진 차이브 • 1테이블스푼
강판에 곱게 간 파르메산치즈 • $1/4$컵(20g)
씨 솔트과 막 갈아낸 후추

오븐을 섭씨 180도(화씨 355도)로 예열하고, 각 페이스트리는 4등분 한다. 세로로 홈이 파인 지름 8cm 둥근 타르트 틀 8개에 살짝 기름칠을 한 뒤 페이스트리를 깐다. 틀 위로 삐져나오는 페이스트리는 잘라내고, 틀 바닥에 깐 페이스트리에 포크로 살짝 구멍을 낸다. 고트커드와 반으로 가른 무화과를 나누어 넣는다. 달걀, 크림, 차이브, 파르메산치즈, 소금과 후추를 볼에 넣고 잘 섞일 때까지 휘젓는다. 달걀 믹스를 타르트 틀에 더하고 25분, 혹은 페이스트리가 잘 부풀고 모양이 잡힐 때까지 구운 다음, 상온에서 식혀서 낸다.(8인분)

+ 고트커드는 프레시 고트치즈를 말한다.

로스트 벨 페퍼 토마토 샐러드

벨 페퍼(붉은 고추) • 2개
반 가른 체리토마토 • 250g
반 가른 옐로 티어드롭토마토 • 250g
듬성듬성 썬 바질 잎 • $1/2$컵
레드 어니언 슬라이스 • 1개
레드 와인 비니거 • 1테이블스푼
다진 마늘 • 1쪽
올리브오일 • 1테이블스푼
설탕 • $1/2$티스푼

오븐을 섭씨 200도(화씨 390도)로 예열한 뒤 벨 페퍼를 베이킹트레이에 놓고 35~40분, 혹은 껍질이 까맣게 될 때까지 로스트하고 식힌 뒤 껍질을 벗기고 씨를 뺀다. 로스트 벨 페퍼를 4등분 하여 토마토, 바질, 어니언, 비니거, 다진 마늘, 올리브오일, 설탕을 접시에 넣고 뒤적어 섞는다.(4인분)

스테이크 샌드위치

할루미치즈 무화과 석류 샐러드

무화과 고트치즈 타르트

로스트 벨 페퍼 토마토 샐러드

옐로 체리토마토 타르트타틴

옐로 체리토마토 타르트타틴

버터 • 20g
화이트 와인 비니거 • 1테이블스푼
브라운슈거 • 2티스푼
반 가른 옐로 체리토마토 • 500g
해동시킨 시판 용 퍼프 페이스트리 • 200g 4장
바질 잎 약간

오븐을 섭씨 220도(화씨 425도)로 예열한다. 버터, 비니거, 브라운슈거를 지름 13cm 크기의 논스틱 프라이팬에 넣고 3~4분, 혹은 설탕이 잘 녹고 믹스가 살짝 걸쭉해질 때까지 저어가며 가열한다. 절단면이 아래로 가도록 토마토를 놓은 후 각 페이스트리를 지름 18cm 정도의 원 모양으로 잘라 토마토를 덮는다. 프라이팬을 오븐에 넣고 15분, 혹은 페이스트리가 잘 부풀고 황금색을 띨 때까지 굽는다. 오븐에서 꺼내 5분간 식힌 뒤 프라이팬을 접시로 덮고 뒤집어 담은 후 바질 잎을 위에 세팅하여 낸다. (4인분)

포도 잎 할루미치즈 베이크

헹구어 물기를 뺀 절인 포도 잎+ • 8장
얇게 저민 할루미치즈 • 250g
얇게 저민 마늘 • 2쪽
오레가노 잎 • 2테이블스푼
막 갈아낸 후추
올리브오일 • 2테이블스푼
레몬조각 몇 개

오븐을 섭씨 200도(화씨 390도)로 예열하고, 포도 잎은 베이킹트레이에 펼쳐 깐다. 할루미치즈, 마늘, 오레가노 잎을 포도 잎 위에 올리고 후추로 간을 한 뒤 올리브오일을 스푼으로 떠서 뿌린다. 포도잎을 접어 할루미치즈를 감싸 오므린다. 10분간, 혹은 잎이 바삭해지고 할루미치즈가 녹기 시작할 때까지 굽는다. 레몬조각과 곁들여 낸다.(4인분)
+ 포도잎은 농가 등에서 얻을 수 있다.

아웃도어에 머무를 때는
조리시간이 짧고
싱싱한 맛의 재료가
꿈의 레시피가 된다.

갈릭 머스터드 비프 꼬치

조각낸 럼프(우둔살) 스테이크 • 500g
다진 마늘 • 2쪽
올리브오일 • 1테이블스푼
레드 와인 비니거 • 1테이블스푼
씨 있는 머스터드 • 1테이블스푼
로켓(아루굴라) 잎 약간
마운틴 브레드+, 혹은 플랫 브레드 약간
아이올리 약간

스테이크, 다진 마늘, 올리브오일, 비니거, 머스터드를 볼에 넣고 뒤적여 섞어, 뚜껑을 덮고 냉장고에서 30분간 숙성시킨다. 그릴팬이나 바비큐를 센불에 달군 후 비프를 꼬치에 끼우고 한 면당 2~3분간 구우면 미디움레어가 된다. 기호에 따라 굽는 시간을 조절한다. 로켓, 마운틴 브레드, 아이올리와 함께 낸다.(4인분)
+ 마운틴 브레드는 이스트를 사용하지 않은 직사각형의 빵으로, 촉감이 크레이프를 연상시키고 라바시(카프카스 산맥, 이란, 터키 지역에 널리 알려진 음식으로 부드럽고 얇은 것이 특징이다)와 흡사하다.

코리앤더 참깨 라임 참치 꼬치

라임주스 • 1/3컵(80ml)
참기름 • 1/3컵(80ml)
미림+ • 1/3컵(80ml)
아주 얇게 저민 생강 • 2테이블스푼
정제설탕(캐스터슈거) • 1테이블스푼
씨 솔트
3cm 너비로 자른 사시미 용 참치 • 500g
다진 코리앤더(실란트로) 잎 • 1/3컵

라임주스, 참기름, 미림, 생강, 설탕, 소금을 볼에 넣고 섞는다. 참치를 볼에 넣고 반 분량의 라임 마리네이드를 붓고 뒤적여 고루 섞은 다음 뚜껑을 덮고 냉장고에서 30분간 숙성시킨다. 그릴팬이나 바비큐를 센불에 달구고, 참치를 한 면당 30~60초씩, 혹은 막 갈색을 띨 때까지 구워 자른 뒤 꼬치에 끼운다. 코리앤더와 나머지 마리네이드를 섞어 따로 담아 참치 꼬치와 함께 낸다.
+ 미림은 사케와는 다르게 알코올도수가 낮은 일본 풍 라이스 와인이다.

포도 잎 할루미치즈베이크

갈릭 머스터드 비프 꼬치

코리앤더 참깨 라임 참치 꼬치

칠리 카퍼 라임 비프 꼬치

치킨, 할루미치즈 프리저브 레몬 꼬치

칠리 카퍼 라임 비프 꼬치

다진 작은 레드 칠리 • 1개
피시 소스 • 1테이블스푼
라임주스 • 2테이블스푼
피넛오일 • 1/4컵(60ml)
조각낸 럼프 스테이크 • 700g
데친 카퍼 라임 잎 • 6장
누들 샐러드
건조 라이스 버미첼리 누들 • 150g
코리앤더 잎 • 1/4컵
데쳐서 저민 스노우피 • 100g
바질 잎 약간

칠리, 피시 소스, 라임주스, 피넛오일을 볼에 넣고 저어 섞은 다음, 스테이크를 볼에 넣어 절반 분량의 라임 마리네이드를 붓고 뒤적여서 골고루 섞는다. 뚜껑을 덮어 냉장고에서 30분간 숙성시킨다.
누들을 볼에 넣고 다 덮일 만큼의 끓는 물을 부어 6~8분 정도, 혹은 누들이 말랑해질 때까지 불린 후 물을 따라버리고 흐르는 찬물에 씻는다. 누들, 코리앤더, 스노우피, 나머지 마리네이드를 볼에 넣고 뒤적여 잘 섞어 누들 샐러드를 만든다. 그릴팬이나 바비큐를 센불에 달군 다음, 스테이크와 카퍼 라임 잎을 꼬치에 끼우고 그릴이나 바비큐에서 한 면당 3~4분씩 구우면 미디움레어가 된다. 기호에 따라 시간을 조절한다. 누들 샐러드를 접시에 나눠담고 바질 잎을 뿌린 뒤 스테이크 꼬치와 함께 낸다.(4인분)

꼬치에 음식을 끼워서
대접하는 일보다
더 쉽고 간단한 건 없다.
수저를 닦을 일도 없고, 자유로운 한 손으로는
언제든지 컵을 들 수도 있다.
이거야 말로, 금상첨화
모두가 행복한 결론이다.

치킨, 할루미치즈 프리저브 레몬 꼬치

다듬어 조각낸 닭 가슴 필레 • 200g 2개
조각낸 할루미치즈 • 500g
레몬주스 • 1/4컵(60ml)
올리브오일 • 2테이블스푼
다진 레몬껍질 프리저브 • 2테이블스푼
다진 마늘 • 2쪽
씨 솔트과 막 갈아낸 후추
여분의 올리브오일 • 2테이블스푼
오레가노 • 1단
피타 브레드, 어린 시금치 잎, 레몬 조각 약간

치킨, 할루미치즈, 레몬주스, 올리브오일, 레몬 프리저브, 마늘, 소금과 후추를 볼에 넣고 잘 섞이도록 뒤적인 후 뚜껑을 덮어 냉장고에서 30분간 숙성시킨다. 큰 논스틱 프라이팬이나 바비큐 철판에 여분의 올리브오일을 두르고 중불에서 달군다. 치킨, 할루미치즈, 오레가노 잎을 꼬치에 끼운 뒤 한 면당 2~3분, 혹은 닭 가슴 필레가 완전히 익을 때까지 굽는다. 피타 브레드, 어린 시금치 잎, 레몬 조각을 곁들여 낸다.(4인분)

레몬그라스 칠리 새우

껍질은 제거하고 머리와 꼬리만 남긴 중간 크기 생새우 • 12마리
다듬은 레몬그라스 줄기 • 6줄기
브러싱 용 올리브오일 약간
라임 조각 몇 개
칠리 드레싱
다진 작은 레드 칠리 페퍼 • 1개
다진 코리앤더(실란트로) 잎 • 1/4컵
곱게 다진 레몬그라스 줄기 • 1테이블스푼
라임주스 • 2테이블스푼
피시 소스 • 1테이블스푼
브라운슈거 • 1테이블스푼

칠리, 코리앤더, 레몬그라스, 라임주스, 피시 소스, 브라운슈거를 볼에 넣고 잘 저어 섞어 칠리 드레싱을 만들어 한쪽에 둔다. 하나의 레몬그라스 줄기에 새우를 2마리씩 끼운 뒤 오일을 바른다. 그릴팬이나 바비큐를 센불에 달군다. 새우를 한 면당 3~4분씩, 혹은 속까지 잘 익게 굽는다. 칠리 드레싱, 라임 조각과 곁들여 낸다.(6개)

레몬그라스 칠리 새우

여름은 발톱 사이에 낀

모래일 수도,

끝나지 않을 것 같은

하릴없는 날들일 수도,

혹은 바쁜 하루의 끝에 만나는

바구니 가득 담긴

빛나도록 신선한 저녁 재료가 주는

희망일 수도 있다.

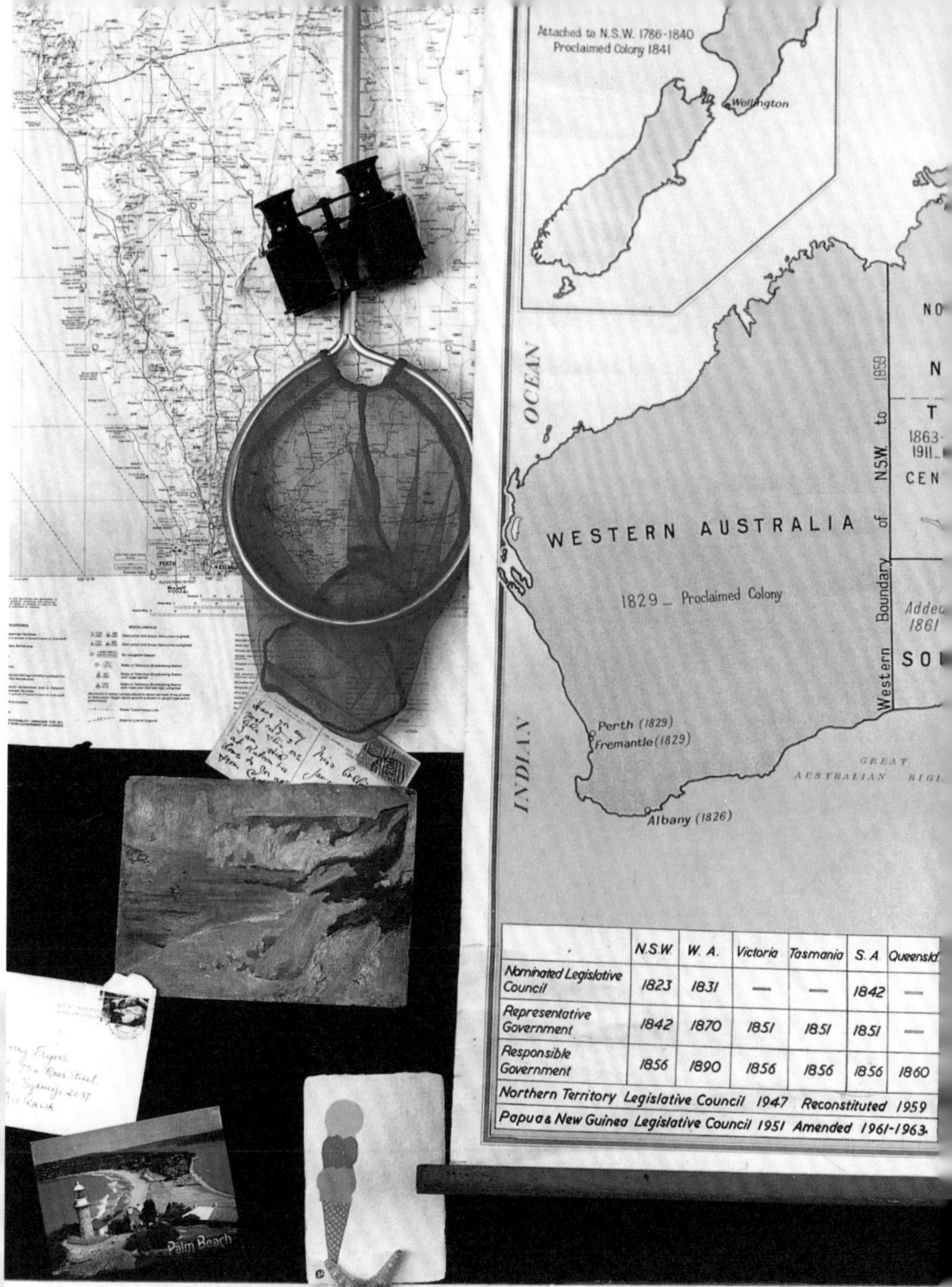

시금치 페타치즈 파이

다듬어 썬 시금치 • 1단(550g)
다진 민트 잎 • 1/2컵
강판에 곱게 간 레몬껍질 • 1테이블스푼
으깬 페타치즈 • 200g
살짝 푼 달걀 • 3개
막 갈아낸 후추
필로 페이스트리 • 9장
녹인 버터 • 80g

오븐을 섭씨 200도(화씨 390도)로 예열한다. 시금치, 민트, 레몬껍질, 페타치즈, 달걀, 후추를 볼에 담고 잘 섞어 한쪽에 둔다.
붓을 사용해 사이사이에 버터를 바르면서 페이스트리 3장을 쌓은 다음, 페이스트리를 지름 20cm 크기로 2조각 낸다. 11cm 지름의 파이 틀 2개에 각각 살짝 기름을 칠한 뒤 페이스트리를 깔고 잘 누른다. 나머지 페이스트리를 파이 틀 4개에 동일하게 깔고 누른 다음, 시금치 믹스를 페이스트리 위에 올린 뒤 페이스트리 끝을 접어 속이 반쯤 드러나게 만든다.
버터를 위에 바르고 15~20분, 혹은 황금색을 띨 때까지 굽는다.(6개)

톡톡 튀는 개성 있는 맛과
싱싱한 해산물,
그리고 허브를 강조하는
지중해의 식탁은
햇살에 흠뻑 젖은
우리의 여유로운 라이프 스타일에
그대로 들어온다.

레몬과 민트를 곁들인 크리스피 사딘

깨끗이 닦고 머리를 제거한 정어리 • 1kg
강판에 곱게 간 레몬껍질 • 1/4컵
올리브오일 • 1/4컵(60ml)
다진 마늘 • 3쪽
다진 민트 잎 • 1테이블스푼
씨 솔트과 막 갈아낸 후추
다목적 용 밀가루 • 1컵(150g)
여분의 튀김 용 올리브오일 • 80g

정어리, 레몬껍질, 올리브오일, 다진 마늘, 소금과 후추를 볼에 넣고 뒤적여 잘 섞은 후 한쪽에 놓고 30분간 숙성시킨다. 정어리에 밀가루를 골고루 묻히고, 큰 논스틱 프라이팬을 센불에 달군다. 여분의 튀김 용 올리브오일을 팬 바닥에서 1cm 정도 부어 정어리를 한 면당 1분, 혹은 황금색을 띨 때까지 나누어서 튀긴다. 저민 레몬을 뜨거운 물에 띄워 핑거볼을 만들고 정어리와 함께 낸다.(4인분)

체리토마토와 마늘 크림을 곁들인 노랑 촉수

신선한 사워도우 크럼 • 2컵(140g)
올리브오일 • 1/4컵(60ml)
다진 마늘 • 2쪽
여분의 올리브오일 • 2테이블스푼
여분의 다진 마늘 • 2쪽
체리토마토 • 500g
씨 솔트과 막 갈아낸 후추
비늘을 제거하고 깨끗이 닦은 어린 노랑 촉수+ • 140g짜리 4마리
다진 이탈리안 파슬리 잎 • 1/2컵

오븐을 섭씨 180도(화씨 355도)로 예열한다. 사워도우 크럼, 올리브오일, 마늘을 베이킹트레이에 담고 뒤적여 섞는다. 8~10분, 혹은 황금색 띠고 바삭거릴 때까지 구워 한쪽에 둔다.
여분의 올리브오일, 여분의 다진 마늘, 토마토, 소금과 후추를 베이킹 접시에 담고 섞는다. 노랑 촉수를 얹고 15~20분간, 혹은 잘 익을 때까지 굽는다.
마늘 소량과 파슬리를 뿌려낸다.(4인분)

+ 노랑 촉수(농어목촉수과의 바닷물고기로 지중해에서 가장 사랑받는 물고기 중 하나이며, 대서양에서도 잡힌다)를 구하기 어렵다면 어린 배러먼디(오스트레일리아 · 서남아시아의 강에 사는 담수어), 도미 같은 다른 생선으로 대체해도 무방하다.

시금치 페타치즈 파이

레몬과 민트를 곁들인 크리스피 사딘

체리토마토와 마늘 크림을 곁들인 노랑 촉수

웍에서 볶아낸 소금 후추 크랩

머드크랩+ • 800~1kg짜리 2마리
피넛오일 • 3테이블스푼
참기름 • 3티스푼
씨 솔트플레이크 • 3티스푼
막 갈아낸 후추 • 2티스푼
씨를 빼고 잘게 썬 작은 레드 칠리 • 2개

게를 뒤집어 배 쪽의 삼각형 모양 뚜껑을 돌려 떼어내고, 잘 드는 칼의 끝을 이용해 반대쪽 뚜껑도 떼어낸다. 아가미와 카레 색깔 내장을 떼어내고 흐르는 찬물에 깨끗이 씻는다. 몸통을 반으로 자르고 다리와 집게를 돌려 뗀다. 집게를 칼등이나 크랩 크랙커로 두드려 깬다.
웍이나 깊이가 있는 프라이팬을 센불에 달군다. 피넛오일과 참기름, 집게를 넣고 6~8분 정도 익히고, 남은 크랩, 소금, 후추에 칠리를 더하고 2분, 혹은 맛있는 냄새가 날 때까지 익힌다. 뚜껑을 덮고 6~8분, 혹은 게 껍질이 밝은 오렌지빛을 띨 때까지 익힌다. 크랩 크랙커, 크랩 픽, 포크, 핑거볼을 같이 낸다.(2~4인분)
+ 머드크랩 대신 마롱, 꽃게, 버그테일, 야비테일, 랍스터테일, 껍질을 제거하지 않고 머리만 떼어낸 통새우 같은 다른 종류의 갑각류를 써도 무방하다. 조리시간이 다를 수 있으니 주의할 것.

펜넬소금을 곁들인 송아지고기 커틀렛

굵은 씨 솔트 • 1테이블스푼
펜넬 씨 • 1티스푼
송아지고기 커틀릿 • 125g짜리 2장
브러싱 용 올리브오일 약간
어린 시금치 잎, 얇게 저민 펜넬, 여분의 올리브오일과 레몬주스 약간

소금과 펜넬 씨를 함께 그라인더에 넣고 갈거나 절구에 넣고 빻는다.
송아지 커틀릿에 올리브오일과 펜넬소금 믹스를 발라준다. 뜨겁게 달군 큰 프라이팬에서 각 면당 3~4분, 혹은 원하는 만큼 익도록 그릴하거나 굽는다. 여분의 올리브오일과 레몬주스로 간한 어린 시금치, 펜넬 샐러드와 함께 낸다.(2인분)

크런치 샐러드를 곁들인 민트 애플 램

램 커틀릿 • 75g짜리 8조각
브러싱 용 올리브오일 약간
사과주스 • 1컵(250ml)
곱게 다진 민트 잎 • 1/4컵
씨 솔트과 막 갈아낸 후추
다듬어 데친 스노우피 • 150g
얇게 저민 래디시 • 300g
다듬어 얇게 저민 셀러리 • 2줄기

큰 논스틱 프라이팬을 센불에 달군다. 램 커틀릿에 올리브오일을 바르고 각 면당 2~3분씩 구어 미디엄으로, 혹은 기호에 따라 시간을 조절해 익혀 한쪽에 보온하여 둔다.
램을 조리했던 프라이팬을 중불로 줄이고, 사과주스, 민트, 소금과 후추를 팬에 넣고 3~4분, 혹은 살짝 졸여 끓인다. 스노우피를 저며서 볼에 넣고 래디시, 셀러리와 같이 섞는다. 민트 애플 소스를 스푼으로 떠서 뿌린 크런치 샐러드를 램 커틀릿과 함께 낸다.(4인분)

갈릭 치킨

다듬은 닭 가슴 필레 • 200g 1장
올리브오일 약간
다진 마늘 • 3쪽
씨 솔트 • 1테이블스푼
다진 이탈리안 파슬리, 레몬주스 약간, 레몬 한 조각

닭 가슴 필레에 올리브오일을 바르고 뜨겁게 달군 프라이팬에서 한 면당 2~3분씩, 혹은 속까지 잘 익힌다. 다진 마늘, 소금을 넣고 파슬리, 레몬주스와 함께 섞어 뒤적이고, 레몬 한 조각과 같이 낸다.(1인분)

케이퍼 버터를 곁들인 송아지 스테이크

송아지 스테이크 • 80g짜리 3장
버터 • 40g
물에 헹군 염장 케이퍼 • 2테이블스푼
채 썬 레몬 제스트 • 2테이블스푼
다진 이탈리안 파슬리와 레몬주스 약간

뜨거운 프라이팬에서 버터와 송아지 스테이크를 한 면당 3~4분씩 튀기듯 굽는다. 케이퍼와 레몬 제스트를 넣고, 파슬리와 레몬주스를 올려서 낸다.(3인분)

웍에서 볶아낸 소금 후추 크랩

펜넬소금을 곁들인 송아지고기 커틀릿

크런치 샐러드를 곁들인 민트 애플 램

갈릭 치킨

케이퍼 버터를 곁들인 송아지 스테이크

페타치즈 가지 미트볼

잘게 썬 가지+ • 400g
올리브오일 • 2테이블스푼
다진 소고기 • 500g
다진 이탈리안 파슬리 잎 • 1/3컵
다진 민트 잎 • 1/3컵
다진 마늘 • 2쪽
강판에 곱게 간 레몬껍질 • 1테이블스푼
으깬 페타치즈 • 200g
씨 솔트과 막 갈아낸 후추
여분의 올리브오일 • 1테이블스푼
레몬 조각 몇 개

오븐을 섭씨 180도(화씨 355도)로 예열한다. 가지와 올리브오일을 베이킹트레이에 담고 뒤적여 섞은 후 30분, 혹은 황금색을 띨 때까지 로스트하고, 오븐에서 꺼내 식힌다.
가지, 다진 소고기, 파슬리, 민트, 다진 마늘, 레몬껍질, 페타치즈, 소금과 후추를 볼에 넣고 반죽이 되도록 잘 섞는다. 1테이블스푼 양의 반죽을 둥글려 경단 모양으로 빚는다. 큰 논스틱 프라이팬을 중불에 달구고 여분의 올리브오일을 넣는다. 미트볼을 넣고 3~4분, 혹은 갈색이 될 때까지 굽고, 베이킹트레이에 담고 5~6분, 혹은 속까지 잘 익을 때까지 굽는다.
차치키(아래 레시피를 참조), 레몬 조각과 함께 낸다.(36개)
+ 많이 익지 않은 가지를 고른다면 소금에 절일 필요가 없다. 그러나 많이 익었다면 가지를 잘라 소금을 뿌려 15~20분을 두면 쓴 맛을 제거할 수 있다. 사용하기 전 물로 헹구어 요리하면 된다.

차치키

그릭 스타일 내추럴요커트 • 2컵(560g)
강판에 간 오이 • 1개
채 썬 민트 잎 • 2테이블스푼
다진 마늘 • 1쪽
꿀 • 1테이블스푼
간 큐민 • 1/2티스푼
씨 솔트과 막 갈아낸 후추

요거트, 오이, 민트, 다진 마늘, 꿀, 큐민, 소금과 후추를 볼에 담아 잘 저어가며 섞는다.(컵)

오레가노 갈릭 로스트 램

마른 오레가노 잎 • 1테이블스푼
쪽으로 가른 마늘 • 1통
강판에 곱게 간 레몬껍질 • 2테이블스푼
레몬주스 • 1/3컵(80ml)
올리브오일 • 1/2컵(125ml)
씨 솔트과 막 갈아낸 후추
뼈째 다듬은 램 레그 • 1.2kg
어린 감자 • 1kg
여분의 올리브오일 • 2테이블스푼
로스팅 용 레몬 조각 몇 개

오레가노, 마늘, 레몬껍질과 주스, 올리브오일, 소금과 후추를 금속이 아닌 볼에 담고 저어 섞어 오레가노 믹스를 만든다. 오레가노 믹스 2테이블스푼을 램 레그 중앙에 넣고 새지 않도록 조리 용 노끈으로 묶어준다. 나머지 오레가노 믹스를 램 레그 위에 붓고 논스틱 베이킹페이퍼를 깐 베이킹 접시에 담아 랩으로 덮어 냉장고에서 2시간 동안 숙성시킨다.
오븐을 섭씨 180도(화씨 355도)로 예열한다. 큰 논스틱 프라이팬을 센불로 달군 뒤 램의 각 면을 2분씩, 혹은 갈색으로 변할 때까지 굽는다. 감자를 베이킹 접시에 담고 여분의 오일을 바른 후 레몬 조각과 램을 넣고 50~60분을 구우면 미디엄 정도가 된다. 기호에 따라 시간을 조절한다.(4~6인분)

아몬드와 민트를 곁들인 플랫 로스트 치킨

닭 • 1.2kg
브러싱 용 올리브오일 약간
씨 솔트과 막 갈아낸 후추
볶아서 다진 데친 아몬드 • 1/4컵(40g)
다진 민트 잎 • 1/2컵
다진 마늘 • 2쪽
정제설탕(캐스터슈거) • 1티스푼
레몬주스 • 1/4컵(60ml)
여분의 올리브오일 • 1/2컵(125ml)
로켓(아루굴라) 잎 약간

오븐을 섭씨 220도(화씨 425도)로 예열한다. 주방 용 가위로 닭의 등뼈를 따라 자른 다음, 가슴뼈를 세게 눌러 납작하게 만든다.
논스틱 베이킹페이퍼를 깐 베이킹트레이에 닭을 담아 올리브오일을 바르고 소금과 후추를 뿌려 간을 한다. 30분간, 혹은 표면이 황금색을 띨 때까지 굽는다. 아몬드, 민트, 다진 마늘, 설탕, 레몬주스, 여분의 올리브오일을 볼에 담고 섞는다. 아몬드 민트 소스와 로켓을 곁들여 낸다.(4인분)

페타치즈 가지 미트볼+차치키

오레가노 갈릭 로스트 램

아몬드와 민트를 곁들인 플랫 로스트 치킨

초코칩 아이스크림 샌드위치

스위트

초코칩 아이스크림 샌드위치
라즈베리 리플 세미프레도
베리 컵케이크
블루베리 파이
프로즌 요거트와 스트로베리 밀크
믹스 베리 클라푸티
요거트와 패션프룻 시럽 케이크
화이트 피치와 무화과 그라니타
스톤프룻과 바닐라 허니를 곁들인 코코넛 라이스
레모니 피치 케이크
블리스터 플럼과 바닐라 마스카포네치즈 타르트
오렌지 시럽을 곁들인 넥타린 타르트
바닐라포치 화이트 피치
스트라이프 밀크쉐이크
스트로베리와 리코타치즈 타르트
스위트헤이즐넛페이스트리
크러시 라즈베리 타르트
살구 슬라이스

라즈베리 리플 세미프레도

초코칩 아이스크림 샌드위치

버터 • 50g
달걀흰자 • 2개
정제설탕(캐스터슈거) • 1/2컵(110g)
체에 거른 다목적 용 밀가루 • 1/3컵(50g)
바닐라추출액 • 1/2티스푼
다크초콜릿 칩 • 1/2컵(95g)
시판 용 바닐라 아이스크림 바 • 45g짜리 10개

오븐을 섭씨 190도(화씨 375도)로 예열한다. 버터를 녹인 후 살짝 식도록 한쪽에 둔다. 달걀흰자와 설탕을 함께 섞고, 밀가루, 바닐라, 녹은 버터가 부드럽게 될 때까지 휘젓는다. 베이킹트레이에 논스틱 베이킹페이퍼를 깔고 2티스푼의 반죽을 놓은 뒤 10cm×6cm 크기의 직사각형 모양으로 편다. 나머지 반죽도 똑같이 만들고, 그 위에 초콜릿칩을 뿌린다. 5~6분, 혹은 모서리가 황금색으로 살짝 변할 때까지 구워 렉에서 완전히 식힌다.
초콜릿칩 쿠키 사이에 바닐라 아이스크림 바를 끼워 샌드위치를 만든 뒤 바로 낸다.(샌드위치 10개)

라즈베리 리플 세미프레도

라즈베리 • 360g
달걀 • 3개
여분의 달걀노른자 • 2개
갈라서 씨를 뺀 바닐라 빈 • 1개
정제설탕(캐스터슈거) • 1컵(220g)
크림(액상 타입) • 1 3/4컵(435g)

라즈베리는 작은 푸드프로세서 볼에 넣고 부드러워질 때까지 돌려 퓨레로 만들어 한쪽에 둔다.
달걀, 달걀노른자, 바닐라 빈, 설탕을 큰 내열성 볼에 넣는다. 물이 끓고 있는 냄비 위에 볼을 얹어 핸드블렌더로 4~5분간, 혹은 반죽이 걸쭉해지고 색이 옅어질 때까지 돌린다. 불에서 내리고 식을 때까지 계속 휘젓는다. 완만한 봉우리들이 형성될 때까지 크림을 휘젓다가 부드럽게 접어 넣듯이 달걀흰자 믹스와 합친다. 2컵(500ml) 분량의 믹스를 남겨 두고 나머지는 12컵들이 접시(3L들이)에 붓는다. 나머지 믹스를 퓨레한 라즈베리에 접어 넣듯이 섞는다. 세미프레도 위에 라즈베리 퓨레와 라즈베리를 얹는다. 냉동실에 넣어 4~6시간 동안, 혹은 완전히 굳을 때까지 둔다.(10인분)

베리 컵케이크

상온에 둔 버터 • 125g
정제설탕(캐스터슈거) • 3/4컵(165g)
바닐라추출액 • 1티스푼
달걀 • 2개
체에 거른 다목적 용 밀가루 • 1 1/4컵(185g)
베이킹파우더 • 1티스푼
우유 • 1/2컵(125ml)
라즈베리 • 1/3컵
블루베리 • 1/4컵

크리미 토핑

헤비크림 • 300ml
으깬 시판 용 머렝 • 100g
으깬 라즈베리 • 125g

오븐을 섭씨 160도(화씨 320도)로 예열한다. 버터, 설탕, 바닐라를 일렉트릭믹서 볼에 담고 15분, 혹은 색이 옅어지고 부드러워질 때까지 돌린다. 달걀을 1개씩 더하면서 믹서를 계속 돌린다. 밀가루, 베이킹파우더, 우유를 섞는다. 1/2컵 용량(125ml) 12개가 붙어있는 머핀 틀에 머핀 종이 틀을 넣고 스푼으로 반죽을 떠 고루 나눠 넣는다. 라즈베리와 블루베리를 각각 2개씩 머핀 중앙에 눌러 박고 15~20분, 혹은 젓가락을 찔렀을 때 표면에 묻어나오는 것 없이 깨끗이 빠질 때까지 굽는다. 크림, 머렝, 라즈베리를 볼에 넣고 섞어 크리미 토핑을 만들어 식힌 케이크 위에 스푼으로 토핑을 얹어서 낸다.(12개)

베리 컵케이크

블루베리 파이

프로즌 요거트와 스트로베리 밀크

믹스 베리 클라푸티

블루베리 파이

해동시킨 시판 용 파이 크러스트 • 200g짜리 3장
블루베리 • 375g
정제설탕(캐스터슈거) • 2테이블스푼
레몬주스 • 1티스푼
아몬드 밀(간 아몬드) • 1/2컵(60g)
다목적 용 밀가루 • 2테이블스푼
여분의 정제설탕(캐스터슈거) • 1/4컵(55g)
녹인 버터 • 40g
바닐라추출액 • 1티스푼
강판에 곱게 간 레몬껍질 • 1티스푼
살짝 푼 달걀 • 1개
백설탕 약간

오븐을 섭씨 180도(화씨 355도)로 예열한다. 파이 크러스트에 지름 11cm 쿠키 커터를 사용해 동그라미를 6개 만들고, 나머지로는 너비 1cm, 길이 10cm의 띠를 48개 만든다. 1/3컵 용량(80ml) 파이 틀 6개에 살짝 오일을 바르고, 동그라미로 자른 파이 크러스트를 깐 뒤 한쪽에 둔다. 블루베리, 슈거, 레몬주스를 볼에 담고 섞은 뒤 한쪽에 둔다.
아몬드 밀, 밀가루, 여분의 설탕, 버터, 바닐라, 레몬껍질을 볼에 담아 섞는다. 아몬드 믹스를 파이 틀에 골고루 나눠 담고 그 위에 블루베리 믹스를 얹는다. 8개의 페이스트리 띠를 교차시켜 격자모양을 만들고, 나머지도 격자모양으로 만들어 파이를 덮는다. 모서리 남는 부분은 잘라낸다.
파이 뚜껑에 달걀물을 바른 뒤 흰 설탕을 솔솔 뿌린다. 20~25분, 또는 파이 뚜껑이 황금색이 돌 때까지 굽는다.(6개)

프로즌 요거트와 스트로베리 밀크

바닐라 요거트 • 2컵(560g)
꼭지를 제거한 딸기 • 500g
정제설탕(캐스터슈거) • 1/2컵(110g)
레몬주스 • 2테이블스푼
우유 약간

요거트를 네모난 냉동고 용 얼음 틀에 나눠 담아 냉동실에서 3~4시간, 혹은 꽁꽁 얼린다. 딸기, 설탕, 레몬주스를 작은 냄비에 담아 약불에서 저어가며 설탕이 다 녹을 때까지 가열한다. 끓기 시작하면 2분 정도, 혹은 딸기가 알맞게 익을 때까지 졸인다. 불에서 내려 부드러워질 때까지 젓는다. 딸기 믹스가 완전히 식을 때까지 기다렸다가 우유, 프로즌 요거트와 곁들여 낸다.(6인분)

믹스 베리 클라푸티

달걀 • 4개
정제설탕(캐스터슈거) • 1/3컵(75g)
크림(액상타입) • 1 1/3컵(330ml)
바닐라추출액 • 1티스푼
다목적 용 밀가루 • 1/4컵(35g)
라즈베리 • 120g
블루베리 • 125g
오디 • 80g
꼭지를 떼고 반으로 가른 스트로베리 • 250g
아이싱 용 설탕 약간

오븐을 섭씨 160도(화씨 320도)로 예열한다. 달걀, 설탕, 크림, 바닐라를 볼에 넣고 거품이 뜰 때까지 휘저어 달걀 믹스를 만든다. 밀가루를 달걀 믹스 위에서 체로 걸러 넣고 부드럽게 될 때까지 골고루 섞는다. 1.5L 용량(6컵)의 베이킹 접시에 오일을 살짝 바르고 베리를 담는다. 달걀 믹스를 위에 붓고 55분에서 1시간, 혹은 황금색을 띠고 잘 굳을 때까지 굽는다.
아이싱 용 슈거를 살살 뿌려서 낸다.(6인분)

요거트와 패션프룻 시럽 케이크

상온에서 녹인 버터 • 150g
정제설탕(캐스터슈거) • 1컵(220g)
바닐라추출액 • 1티스푼
달걀 • 3개
그릭 스타일 내추럴 요거트 • 1컵(280g)
체에 거른 베이킹파우더가 든 밀가루 • 2컵(300g)
패션프룻 시럽
패션프룻주스 • 1컵(250ml)
물 • 1/2컵(125ml)
정제설탕(캐스터슈거) • 1/2컵(110g)

오븐을 섭씨 160도(화씨 320도)로 예열한다. 패션프룻주스, 물, 설탕을 작은 냄비에 담고 설탕이 다 녹을 때까지 저으면서 중불에서 가열해 패션프룻 시럽을 만든다. 끓기 시작하면 불을 줄이고 10~15분간, 혹은 시럽이 걸쭉하게 될 때까지 졸여 한쪽에 둔다.
버터, 설탕, 바닐라를 일렉트릭믹서 볼에 넣고 10~15분, 혹은 색이 흐려지고 부드러워질 때까지 돌린다. 3개의 달걀은 하나씩 넣으면서 잘 섞고, 요거트도 넣어 잘 섞일 때까지 돌린다. 밀가루를 찔러 넣는다. 지름 24cm 번트케이크 틀+에 살짝 기름을 바르고 35분, 혹은 젓가락으로 찔렀을 때 표면에 묻어나오는 것이 없을 때까지 굽는다. 케이크를 틀에서 꺼내 접시에 담는다. 젓가락으로 케이크 표면을 골고루 찌른 다음 시럽을 뿌려 따뜻할 때 바로 낸다.(8인분)

+ 번트 케이크 틀은 동그랗고 세로로 줄이 새겨지고 가운데 구멍이 난 케이크 틀이다.

요거트와 패션프룻 시럽 케이크

화이트 피치와 무화과 그라니타

스톤프룻과 바닐라
허니를 곁들인 코코넛 라이스

스톤프룻과 바닐라 허니를 곁들인 코코넛 라이스

알보리오 라이스 • 2컵(400g)
물 • 1.5L(6컵)
코코넛밀크 • 2컵(500ml)
정제설탕(캐스터슈거) • 1/2컵(110g)
꿀 • 2/3컵(240g)
갈라서 씨를 바른 바닐라 빈 • 1줄기
저민 승도복숭아 • 3개
저민 복숭아 • 3개

알보리오 라이스(리소토를 만드는 전분 함량이 높은 쌀)와 물을 냄비에 넣고 중불에서 끓을 때까지 가열한다. 10분간, 혹은 물이 거의 다 흡수될 때까지 둔다. 코코넛밀크와 설탕을 넣고 섞는다. 불을 약하게 줄이고 뚜껑을 꼭 닫은 뒤 5~8분정도, 혹은 라이스가 완전히 익을 때까지 둔다.
꿀, 바닐라 빈과 씨를 작은 냄비에 넣고 약한 불에서 3분 정도 졸여 한쪽에 두고 식힌다. 냄비에서 졸인 바닐라 빈을 꺼낸다. 라이스는 따뜻하게 혹은 시원하게 먹을 수 있다. 승도복숭아, 복숭아, 바닐라 허니를 곁들여 낸다.(6인분)

레모니 피치 케이크

상온에 녹여 자른 버터 • 175g
정제설탕(캐스터슈거) • 3/4컵(165g)
강판에 곱게 간 레몬껍질 • 2테이블스푼
달걀 • 3개
체에 거른 다목적 용 밀가루 • 1컵(150g)
체에 거른 베이킹파우더 • 1티스푼
내추럴 요거트 • 1/4컵(70g)
저민 복숭아 • 3개
아이싱 용 설탕 약간
헤비크림 약간

오븐을 섭씨 160도(화씨 320도)로 예열한다. 버터, 설탕, 레몬껍질을 일렉트릭믹서 볼에 넣고 6~8분간, 혹은 반죽이 가볍고 부드러워질 때까지 돌린다. 달걀을 서서히 넣으면서 잘 저어준다. 같은 일렉트릭믹서 볼에 밀가루, 베이킹파우더, 요거트를 넣고 섞일 때까지 돌린다. 지름 25cm 둥근 케이크 틀에 논스틱 베이킹페이퍼를 깔고, 스푼을 이용해 반죽을 담는다. 복숭아를 위에 올리고 1시간, 혹은 젓가락으로 찔러봤을 때 표면에 묻어나오는 것 없이 깨끗이 빠질 때까지 굽는다. 10분간 식힌 뒤 와이어 렉에 뒤집어 꺼내어 더 식힌다. 아이싱 용 설탕을 솔솔 뿌리고 크림과 함께 낸다.(6인분)

화이트 피치와 무화과 그라니타

정제설탕(캐스터슈거) • 1/2컵(110g)
물 • 2컵(500ml)
다진 백도 • 5개
다진 무화과 • 4개

설탕과 물을 냄비에 넣고 설탕이 녹을 때까지 중불에서 저어가며 가열해 슈거 믹스를 만든다. 복숭아와 무화과를 푸드프로세서 볼에 넣고 곱게 갈릴 때까지 돌린다. 슈거 믹스를 더해 섞는다. 가로세로 20cm × 30cm의 금속 틀에 담아 1시간 동안 냉동실에서 얼린다. 포크로 그라니타의 위쪽을 긁은 다음 1시간을 더 얼린다. 3~4시간 동안 얼리는데, 1시간마다 꺼내서 그라니타 윗부분을 긁어 준다. 촉감이 눈처럼 될 때까지 이 과정을 계속 반복한다.(6인분)

plum
peaches
peaches
peaches
nectarines
nectarines
peaches

레모니 피치 케이크

블리스터 플럼과 바닐라 마스카포네치즈 타르트

오렌지 시럽을 곁들인 넥타린 타르트

블리스터 플럼과 바닐라 마스카포네치즈 타르트

반을 갈라 씨를 뺀 자두 • 6개
정제설탕(캐스터슈거) • 1/4컵(55g)
시판 용 퍼프 페이스트리 • 200g짜리 2장
살짝 풀은 달걀노른자 • 1개

바닐라 마스카포네치즈 필링

마스카포네치즈 • 250g
아이싱 용 설탕 • 2티스푼
갈라서 씨를 뺀 바닐라 빈 • 1줄기

브랜디 시럽

물 • 1컵(250ml)
브랜디 • 2테이블스푼
정제설탕(캐스터슈거) • 1컵(220g)

물, 브랜디, 설탕을 작은 냄비에 넣고 센불로 가열하여, 끓으면 불을 줄이고 약한 불에서 12~15분 정도, 혹은 소스가 걸쭉해질 때까지 졸여 브랜디 시럽을 만들어 한쪽에 두고 식힌다.
마스카포네치즈, 아이싱 용 설탕, 바닐라 씨를 볼에 넣고 휘저어 섞어 바닐라 마스카포네치즈 필링을 만들어 한쪽에 둔다.
논스틱 프라이팬을 중불에 달구어, 자두의 단면이 아래로 가게 팬에 놓고 설탕을 뿌린 뒤 1~2분간, 혹은 설탕이 녹아 황금색을 띨 때까지 익혀 한쪽에 둔다. 오븐을 섭씨 200도(화씨 390도)로 예열한다. 퍼프 페이스트리 1장을 12cm 정사각형 4개로 오려낸 뒤 논스틱 베이킹페이퍼를 깐 베이킹트레이에 놓는다. 나머지 1장의 퍼프 페이스트리는 1cm 너비로 잘라 16개의 띠로 만든다. 페이스트리로 만든 띠를 정사각형 페이스트리 모서리에 돌아가며 붙여 경계를 만들고, 여분은 잘라낸다. 달걀물을 발라서 10~12분, 혹은 페이스트리가 잘 부풀고 황금색을 띨 때까지 굽는다. 바닐라 필링을 스푼으로 떠서 타르트의 속을 채우고 플럼을 올리고, 브랜디 시럽을 곁들여 낸다.(4인분)

잘 익은 한 여름의 복숭아,
승도복숭아, 살구, 그리고
자두를 한 입 베어 물면
그 풍부한 과즙에서
햇살의 맛이 느껴진다.

오렌지 시럽을 곁들인 넥타린 타르트

반으로 갈라 씨를 뺀 승도복숭아 • 2 1/2
정제설탕(캐스터슈거) • 1/4컵(55g)
상온에서 녹인 버터 • 90g
여분의 정제설탕(캐스터슈거) • 1/2컵(110g)
달걀 • 2개
아몬드 밀(갈은 아몬드) • 1컵(120g)
다목적 용 밀가루 • 1/4컵(35g)
강판에 곱게 간 레몬껍질 • 2티스푼
베이킹파우더 • 1/4티스푼

오렌지 시럽

오렌지주스 • 1컵(250ml)
오렌지 리큐어 • 1/4컵(60ml)
정제설탕(캐스터슈거) • 1/2컵(110g)

오렌지주스, 오렌지 리큐어, 설탕을 작은 냄비에 넣고 센불에서 가열해, 끓기 시작하면 불을 약하게 줄이고 10~12분정도, 혹은 시럽이 걸쭉해지기 시작할 때까지 졸여 오렌지 시럽을 만든다. 한쪽에 놓고 식힌다.
큰 논스틱 프라이팬을 중불에서 달궈 복숭아의 단면이 팬에 닿게 놓고 설탕을 뿌려서 2~3분간, 혹은 설탕이 다 녹고 황금색을 띨 때까지 익혀 한쪽에 둔다.
오븐을 섭씨 160도(화씨 320도)로 예열한다. 버터와 여분의 설탕을 푸드프로세서에 넣고 섞일 때까지만 돌린다. 달걀, 아몬드 밀, 밀가루, 레몬껍질, 베이킹파우더를 넣고 잘 어우러지기 시작할 때까지만 돌린다.
밑이 빠지는 가로세로 12cm×35cm의 직사각형 타르트 틀에 살짝 오일을 바른 뒤 아몬드 믹스를 스푼으로 떠 넣는다. 복숭아를 믹스에 박아 넣고 30분, 혹은 젓가락으로 찔렀을 때 표면에 묻어나오는 것 없이 깨끗할 때까지 구운 다음, 식혀서 오렌지 시럽을 곁들여 낸다.(6인분)

바닐라포치 화이트 피치

백도 • 3.5kg
물 • 3L(12컵)
정제설탕(캐스터슈거) • 9컵(2kg)
갈라서 씨를 뺀 바닐라 빈 • 2줄기

복숭아마다 밑면에 2cm의 칼집을 넣어 한쪽에 둔다. 물, 설탕, 바닐라를 큰 냄비에 넣고 약한 불에서 설탕이 다 녹을 때까지 저어 주면서 가열한다. 불을 높여 20분 정도 더 끓이고 복숭아를 넣는다. 10~15분 정도, 혹은 만져봐서 복숭아가 말랑말랑할 때까지 익히고 냄비에서 꺼내 10분간 식힌다. 껍질을 까서 밀폐용기에 넣고 시럽을 붓는다.(12인분)

바닐라포치 화이트 피치

바닷바람에는
뭔가 특별한 게 있다.
바람을 쐬고 있으면
하루 종일 식욕이 나고,
물가에서 장난을 치노라면
목이 말라 차가운 음료와
과일을 찾게 되는
그런 것 말이다.

스트라이프 밀크쉐이크

스트로베리와 리코타치즈 타르트

크러시 라즈베리 타르트

스트라이프 밀크쉐이크

스트로베리, 혹은 라임 토핑
우유
바닐라 아이스크림

토핑은 스푼을 이용해 세로줄무늬 모양으로 각 잔에 넣는다. 우유를 잔의 3/4만큼 조심스럽게 붓고 아이스크림을 올린다.

스트로베리와 리코타치즈 타르트

스윗 헤이즐넛 페이스트리 1분량(아래 레시피를 참조)
꼭지를 뗀 작은 스트로베리 • 500g
오렌지주스 • 2티스푼
리코타치즈 필링
리코타치즈 • 1컵(200g)
정제설탕(캐스터슈거) • 1/4컵(55g)
달걀 • 1개
바닐라추출액 • 1티스푼

오븐을 섭씨 180도(화씨 355도)로 예열한다. 스윗 헤이즐넛 페이스트리 도우를 밀가루를 뿌린 넓은 도마 위에 놓고 롤링핀을 사용해 3mm 두께로 민다. 지름 24cm 타르트 틀에 반죽을 깔고 남는 부분은 잘라낸 다음, 타르트를 랩으로 덮고 30분간 냉장한다. 랩을 벗기고 타르트를 논스틱 베이킹페이퍼로 덮고 베이킹웨이트를 놓는다. 20분 구운 뒤 웨이트를 뺀다. 다시 10분, 혹은 페이스트리가 황금색을 띨 때까지 더 굽고, 식힌다. 리코타치즈, 설탕, 달걀, 바닐라를 푸드프로세서에 넣고 1분, 혹은 부드러워질 때까지 돌려 리코타치즈 필링을 만든다. 리코타치즈 필링을 식은 타르트 베이스 위에 펴 바르고 15분, 혹은 굳을 때까지 구운 다음 식힌다. 스트로베리와 오렌지주스를 볼에 담고 뒤적여 섞고, 식힌 타르트 위에 과일을 얹어 낸다.(4~6인분)

스윗 헤이즐넛 페이스트리

다목적 용 밀가루 • 2컵(300g)
헤이즐넛 밀 • 1/3컵(35g)
정제설탕(캐스터슈거) • 1/4컵(55g)
다진 버터 • 145g
얼음물 • 1/3컵(80ml)

밀가루, 헤이즐넛 밀, 설탕, 버터를 푸드프로세서에 넣고 믹스가 거친 빵가루 같이 될 때까지 돌린다. 모터가 돌아가고 있는 상태에서 물을 조금씩 더하다가, 반죽이 뭉쳐지면 밀가루를 뿌린 도마 위에 놓고 도우를 부드럽게 치댄다. 랩에 싸서 30분간 냉장한 뒤 롤링핀으로 민다.

크러시 라즈베리 타르트

해동한 시판 용 퍼프 페이스트리 • 375g짜리 1장
브러싱 용 달걀흰자 약간
정제설탕(캐스터슈거) • 1테이블스푼
라즈베리 • 250g
체에 거른 아이싱 용 설탕 • 1테이블스푼
사워크림필링
사워크림 • 1컵(240g)
크림(액상 타입) • 1/4컵(60ml)
브라운슈거 • 1/3컵(75g)

오븐을 섭씨 200도(화씨 390도)로 예열한다. 반죽을 밀가루를 살짝 뿌린 도마에 놓고 롤링핀을 사용해 3mm 두께로 밀어 20cm 정사각형모양으로 자른다. 나머지 도우로 1cm 넓이에 20cm 길이의 띠를 8개 만든다. 네모난 도우를 논스틱 베이킹페이퍼를 깐 베이킹트레이에 놓는다. 달걀흰자를 도우에 바르고, 띠들은 모서리에 붙여 경계를 만들고 살짝 눌러 닫는다. 경계에도 달걀흰자를 바르고 나머지 띠는 위에 올린다. 포크로 도우 바닥을 살짝 찔러 숨구멍을 낸다. 도우를 랩으로 싸서 냉장고에 30분간 둔다. 랩을 벗기고 설탕을 뿌린다. 20분, 혹은 바삭하고 황금색을 띨 때까지 구운 다음, 식힌다. 페이스트리가 구워지고 있을 때 사워크림 필링을 만든다. 사워크림, 크림, 브라운슈거를 볼에 넣고 잘 섞어 어우러질 때까지 휘저어 한쪽에 둔다. 반 분량의 라즈베리를 볼에 넣고 아이싱 용 설탕과 함께 살짝 으깬다. 나머지 라즈베리로 더한 뒤 한쪽에 둔다. 스푼을 사용해 사워크림 필링을 페이스트리에 넣고 라즈베리를 얹어 낸다.(4~6인분)

살구 슬라이스

달걀흰자 • 9개
아몬드 밀(간 아몬드) • 3컵(360g)
체에 거른 아이싱 용 슈거 • 1 1/2컵 (240g)
베이킹파우더가 든 밀가루 • 1 1/2컵 (225g)
녹인 버터 • 150g
강판에 곱게 간 레몬껍질 • 3테이블스푼
반으로 갈라 씨를 뺀 살구 • 1kg
화이트슈거 • 1/2컵(110g)

오븐을 섭씨 180도(화씨 355도)로 예열한다. 달걀흰자, 아몬드 밀, 아이싱 용 설탕, 밀가루, 버터, 오렌지껍질을 볼에 담고 잘 섞는다. 살구와 화이트슈거를 볼에 담고 뒤적여 섞는다. 가로세로 25cm×35cm의 베이킹 접시에 오일을 살짝 바른 다음, 스푼으로 아몬드 믹스를 담고 살구를 위에 얹는다. 40~45분, 혹은 젓가락으로 찔렀을 때 표면에 묻어나오는 것 없이 깨끗하게 될 때까지 굽는다.(12인분)

살구 슬라이스

chapter three

Autumn

바람에는 날이 서고, 낙엽이 양탄자가 되어 발밑에 깔린다.
재킷에 글러브, 울 스카프를 두르고 가을의 향연을 위해 아웃도어로 향한다.
쌀쌀해진 날씨가 식욕을 불러 일으켜 톡톡 튀는 맛과
넉넉한 양의 음식이 절로 떠오르는 때이다.

autumn
체이버리

세이버리

모차렐라, 프로슈토, 로켓 페스토 브루스케타

두툼하고 딱딱한 껍질의 브레드 • 8쪽
반으로 가른 마늘 • 1쪽
드리즐 용 엑스트라버진 올리브오일 약간
얇게 저민 보콘시니치즈 • 3~4개
프로슈토 • 8쪽
막 갈아놓은 후추

로켓 페스토

채 썬 로켓(아루굴라) 잎 • 1컵
바질 잎 • 1/4컵
살짝 볶은 잣 • 1/4컵(40g)
강판에 간 파르메산치즈 • 1/4컵(20g)
마늘 • 1/4쪽
올리브오일 • 1/4컵(60ml)

로켓, 바질, 잣, 파르멘산치즈, 마늘을 푸드프로세서 볼에 넣고 곱게 다져질 때까지 돌려 로켓 페스토를 만든다. 푸드프로세서를 켜 놓은 채로 올리브오일을 넣고 돌리다가 페스토가 걸쭉하고 거친 페이스트 상태가 되면 끈다.
뜨거운 그릴(브로일러)에서 바삭하고 황금색을 띨 때까지 빵의 양면을 굽고, 마늘로 빵을 문지르고 오일을 뿌린다.
브루스케타 위에 보콘시니치즈를 올리고 소량의 페스토를 올려 장식한다. 프로슈토를 얹고 올리브오일을 뿌리고 후추로 간해서 낸다.(4인분)

포테이토, 베이컨 완두콩 수프

잘게 썬 베이컨 • 5장
껍질을 벗겨 얇게 썬 어니언 • 1개
다목적 용 밀가루 • 1테이블스푼
치킨 스톡 • 1L(4컵)
껍질을 벗겨 잘게 썬 감자 • 1개
껍질을 깐 싱싱한 완두콩 • 200g(껍질 채로는 450g)
크림(액상 타입) • 1/2컵(125ml)
씨 솔트과 막 갈아놓은 후추
다진 이탈리안 파슬리 • 1테이블스푼

냄비를 중불에 달군다. 베이컨과 어니언을 넣고 5분, 혹은 황금색을 띨 때까지 익힌다. 밀가루를 넣고 1분간 볶는다. 치킨 스톡과 감자가 끓기 시작하면 불을 줄이고, 4분간 자작하게 끓인다. 완두콩, 크림, 소금, 후추를 넣은 뒤 6분간 약하게 삶고 파슬리를 넣고 젓는다.(4인분)

프렌치 어니언 수프

버터 • 30g
올리브오일 • 1테이블스푼
껍질을 벗겨 저민 브라운 어니언 • 1kg
다진 타임 잎 • 1티스푼
화이트 와인 • 1/2컵(125ml)
비프 스톡 • 1L(4컵)
물 • 2컵(500ml)
얇게 썰어 토스트 한 바게트 • 1개
강판에 간 모차렐라 • 1/4컵(25g)
강판에 간 페코리노 • 1/4컵(20g)

버터, 올리브오일, 브라운 어니언, 타임을 큰 냄비에 넣고 약한 불에서 10~12분, 혹은 브라운 어니언이 황금색을 띠고 캐러멜라이즈될 때까지 저어가며 볶는다. 와인, 스톡, 물을 붓고 10분간 자작하게 끓인다. 스프를 볼에 나누어 담고 바게트 슬라이스와 치즈를 얹는다. 예열된 그릴(브로일러)에서 2~3분, 혹은 치즈가 녹고 황금색을 띨 때까지 굽는다.(6인분)

미네스트로네

올리브오일 • 2테이블스푼
껍질을 벗기고 잘게 썬 브라운 어니언 • 1개
다진 마늘 • 2쪽
껍질을 벗기고 잘게 썬 당근 • 1개
다듬어 잘게 썬 셀러리 • 1줄기
잘게 썬 어린 펜넬 • 1뿌리
잘게 썬 통조림 토마토 • 400g짜리 2개
치킨 스톡 • 1L(4컵)
물 • 2컵(500ml)
다듬어 잘게 썬 그린 빈 • 100g
물기를 뺀 화이트 빈 • 400g 통조림 1개
씨 솔트 과 막 갈아놓은 후추

큰 냄비를 센불에 달군다. 올리브오일, 어니언, 마늘, 당근, 셀러리, 펜넬을 넣고 4~5분, 혹은 재료가 말랑해질 때까지 볶는다. 토마토, 스톡, 물을 넣고 불을 약하게 줄인 뒤 뚜껑을 닫고 35분, 혹은 콩이 완전히 무를 때까지 끓인다. 완두콩이 잘 섞이게 뒤적여 주고 소금과 후추로 간을 한 뒤 5분가량, 혹은 강낭콩이 다 익을 때까지 뚜껑을 덮고 졸인 다음 볼에 나누어 담아낸다.(6인분)

모차렐라, 프로슈토, 로켓 페스토 브루스케타

autumn

세이버리

자욱이 깔린 안개와
낙엽의 계절이
긴 시골 길 드라이브와
클래식한 피크닉으로 초대한다.

접이식 의자를 차에 넣고
맛있는 것들을 잔뜩 바구니에 담고
추위를 녹여줄 따뜻한 음료가 든
보온병도 잊지 않는다.

프렌치 어니언 수프

프렌치 어니언 수프

미네스트로네

포르치니오일을 곁들인 콜리플라워 수프

올리브오일 • 2테이블스푼
껍질을 벗겨 잘게 썬 브라운 어니언 • 1개
다듬어 잘게 썬 콜리플라워 • 1통
치킨 스톡 • 1L(4컵)
물 • 1L(4컵)
크림(액상 타입) • 1컵(250ml)
포르치니오일
올리브오일 • 1/2컵(125ml)
말린 포르치니버섯 • 10g

올리브오일과 포르치니를 작은 냄비에 넣고 약한 불에서 5분, 혹은 버섯향이 오일에 잘 배일 때까지 두었다가 오일을 체에 거르고 버섯을 건져 포르치니오일을 만들어 한쪽에 둔다.
큰 냄비를 센불에 달구고 올리브오일, 어니언, 콜리플라워를 넣고 2~3분, 혹은 어니언이 무를 때까지 볶는다. 치킨 스톡과 물을 넣고 10~12분, 혹은 콜리플라워가 잘 익을 때까지 끓인 다음, 푸드프로세서에 담고 부드러워질 때까지 돌린다. 이렇게 만들어진 콜리플라워 퓨레를 다시 냄비로 옮긴 뒤 크림를 섞고 휘저으며 약한 불에서 5분간 더 자작하게 끓인다. 스프를 볼에 나눠담고 포르치니오일을 살짝 뿌려 낸다.(4인분)

스파이시 클램 토마토 브로스

올리브오일 • 2테이블스푼
다진 마늘 • 2쪽
칠리 플레이크 • 1/2티스푼
잘게 썬 로마 토마토 • 6개
드라이 화이트 와인 • 1/4컵(60ml)
피시 스톡 • 2컵(500ml)
물 • 1L(4컵)
클램(봉골레) • 1kg
쿠스쿠스 • 1/2컵(100g)
코리앤더 잎 약간

큰 냄비를 센불에 달구어 올리브오일, 마늘, 칠리, 토마토를 넣고 3~4분간, 혹은 토마토가 잘 무를 때까지 볶는다. 와인, 스톡, 물을 넣고 막 끓기 시작하면 클램을 넣고 뚜껑을 꽉 닫은 후 5~6분, 혹은 클램이 입을 벌릴 때까지 삶는데, 이때 벌어지지 않은 클램은 모두 골라내서 버린다. 불에서 내린 뒤 쿠스쿠스를 뿌린다. 뚜껑을 닫고 5분간, 혹은 쿠스쿠스가 다 익을 때까지 둔다. 코리앤더로 장식해서 낸다.(4인분)

로스트 펌킨 갈릭 수프

올리브오일 • 2테이블스푼
껍질을 벗겨 세로썰기 한 버터넛 펌킨 • 850g
껍질을 벗겨 세로썰기 한 브라운 어니언 • 1개
마늘 • 2쪽
꿀 • 1/4컵(90g)
씨 솔트과 막 갈아놓은 후추
치킨 스톡 • 1L(4컵)
크림(액상 타입) • 1컵(250ml)
다진 타라곤 잎 • 1테이블스푼
사워크림 • 1컵(240g)
구운 빵 • 6조각

오븐을 섭씨 180도(화씨355도)로 예열하고 올리브오일, 버터넛 펌킨, 브라운 어니언, 마늘, 꿀, 소금과 후추를 베이킹 접시에 담고 뒤적여 섞어 펌킨 믹스를 만들어 30~35분, 혹은 펌킨이 말랑하게 속까지 잘 익을 정도로 굽는다. 펌킨 믹스의 반 분량을 푸드프로세서에 넣고 스톡의 반 정도 분량을 더해 부드러워질 때까지 돌린다. 나머지 믹스와 스톡도 그렇게 한다. 이렇게 만든 펌킨 퓨레와 크림을 큰 냄비에 담고 센불로 가열한다. 끓기 시작하면 불을 약하게 줄이고 2~3분, 혹은 믹스가 살짝 걸쭉해질 때까지 자작하게 끓인다. 타라곤을 사워크림에 넣고 저어 잘 섞는다. 볼에 스프를 나누어 담고 사워크림 믹스를 얹어 여분의 후추를 뿌린 다음, 빵과 함께 낸다.(6인분)

따끈한 스프는 추위를 몰아내고
영혼을 달래준다.
식욕을 자극하고, 따스한 온기와
사랑받았다는 느낌을
고스란히 전한다.

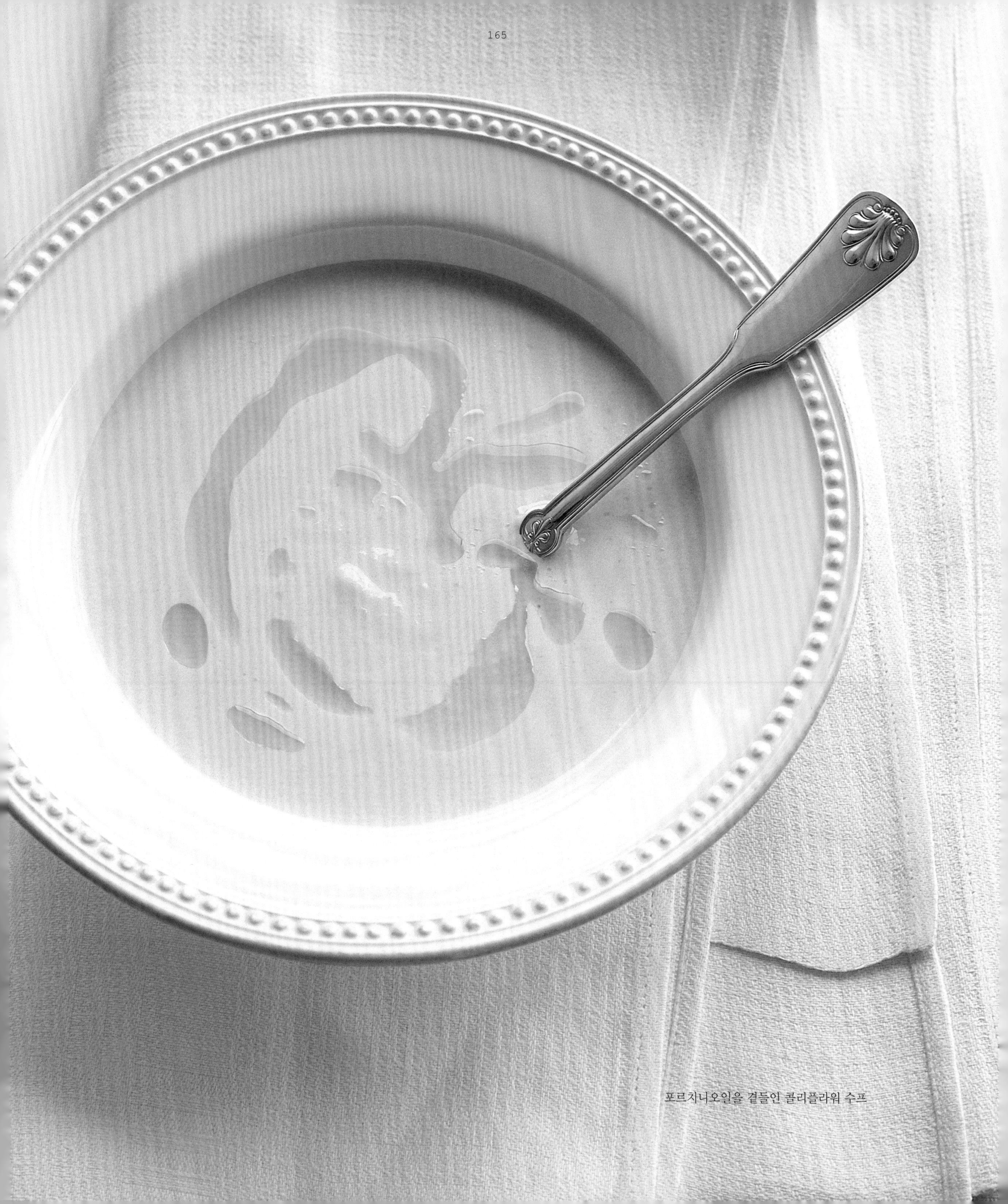

포르치니오일을 곁들인 콜리플라워 수프

스파이시 클램 토마토 브로스

로스트 펌킨 갈릭 수프

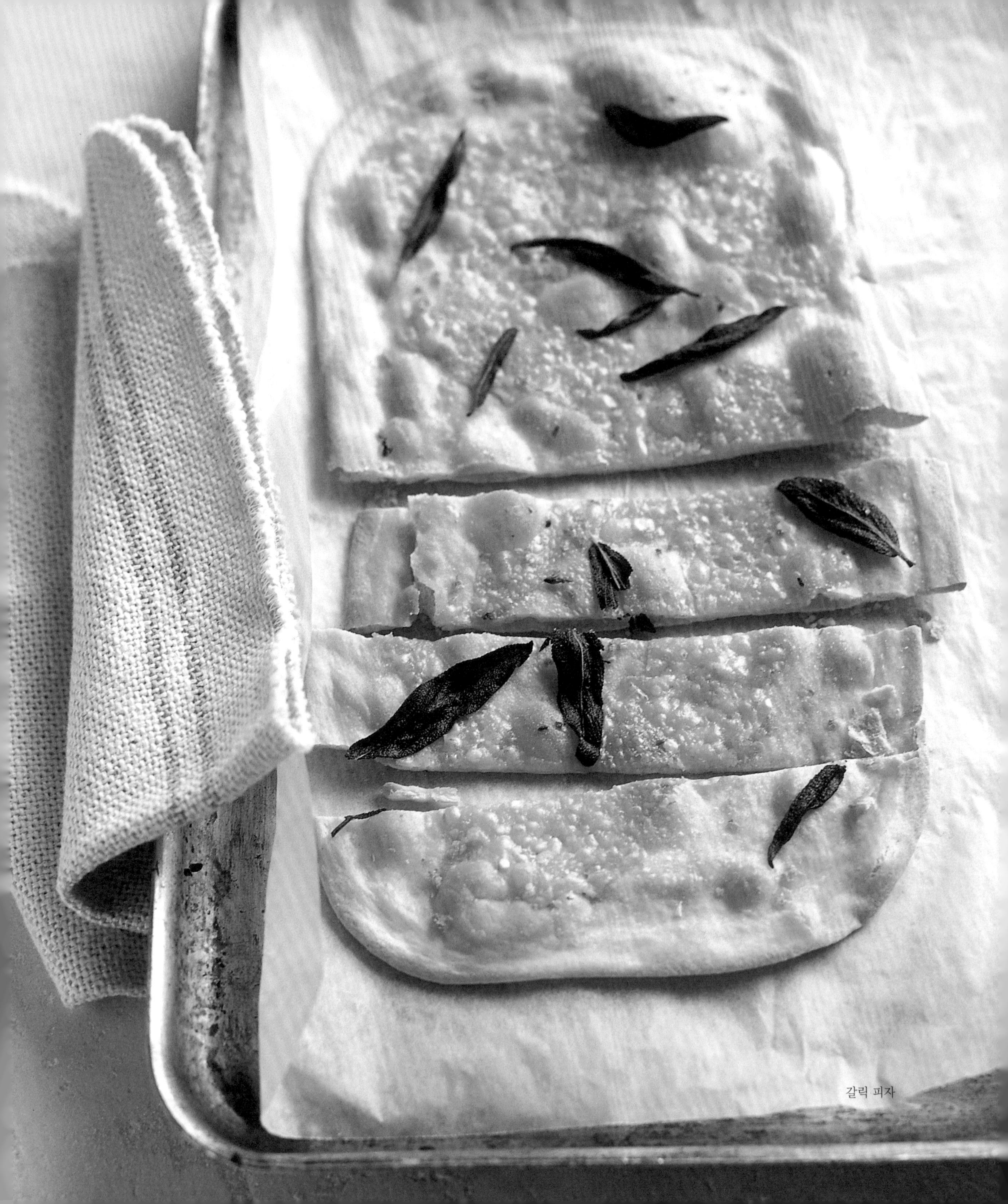

갈릭 피자

시금치 리코타치즈 판체타 피자

기본 피자 도우

액티브 드라이 이스트 • 2티스푼
설탕 • 1/2티스푼
미지근한 물 • 1컵(250ml)
다목적 용 밀가루 • 2 1/2컵(375g)
소금 • 1티스푼

이스트, 설탕, 물을 볼에 넣고 잘 섞는다. 따뜻한 곳에 5분, 혹은 표면에 거품이 생기기 시작할 때까지 둔다. 이것은 이스트가 활성화되었다는 표시. 밀가루와 소금을 볼에 넣고 가운데 우물을 만든다. 이스트 믹스를 넣고 밀가루 묻은 손으로 잘 섞어 도우를 만든다. 큰 도마에 밀가루를 뿌리고 5~10분간, 혹은 반죽이 매끈하고 탄력이 생길 때까지 도우를 치댄다. 도우를 4등분 하여 같은 크기의 공으로 만든다. 밀가루를 살짝 뿌린 도마나 트레이에 놓고 깨끗한 젖은 헝겊으로 덮어 따뜻한 곳에 30분, 혹은 공의 크기가 2배가 될 때까지 둔다.
각 도우를 밀가루를 뿌린 큰 도마 위에서 둥글게 밀어 지름 25cm로 만든다. 논스틱 베이킹페이퍼 위에 놓고 손가락으로 도우의 바깥 모서리에서 2cm 안쪽에 경계를 만든다. 피자판 위에 원하는 토핑을 추가한 뒤 즉시 굽는다.(다음에 나오는 토핑 레시피와 베이킹 방법을 참조한다.)(피자판 4개)

갈릭 피자

기본 피자 도우 • 1분량
다진 마늘 • 4쪽
올리브오일 • 1/3컵(80ml)
파르메산치즈 쉐이브 • 80g
세이지 잎 • 40장
씨 솔트

오븐을 섭씨 220도(화씨 425도)로 예열하고, 넓고 납작한 베이킹트레이나 타일 2장을 오븐에서 적어도 30분 이상 달군다. 도우를 가로세로 30cm×20cm 크기의 직사각 모양으로 민다.
마늘과 오일을 섞어 피자 도우에 골고루 펴 바른다. 파르메산치즈와 세이지를 소금과 함께 뿌린다. 피자를 2장씩 예열된 트레이에 넣고 10~12분, 혹은 바삭하고 황금색을 띨 때까지 굽는다.(피자 4판)

시금치 리코타치즈 판체타 피자

줄기를 떼어낸 시금치 • 600g
저민 모차렐라, 혹은 프레시 모차렐라치즈 • 280g
기본 피자 도우 • 1분량
리코타치즈 • 240g
2등분 한 판체타 • 8장(120g)
타임 줄기 • 2티스푼
올리브오일 • 1테이블스푼
씨 솔트과 막 갈아놓은 후추

오븐을 섭씨 220도(화씨 425도)로 예열하고, 크고 넓은 베이킹트레이나 타일 2장을 오븐에서 적어도 30분 이상 달군다.
시금치 잎을 씻어 큰 냄비에 넣고 잎이 시들해질 때까지 중불에서 익힌 다음, 체로 옮기고 눌러서 물기를 제거한다. 프레시 모차렐라치즈를 사용한다면 타올로 치즈 슬라이스 사이의 물기도 제거한다. 피자 위에 시금치, 모차렐라치즈, 리코타치즈, 판체타, 타임을 올린다. 올리브오일을 뿌린 다음, 소금과 후추도 뿌린다. 피자를 2장씩 예열된 트레이에 넣고 10~12분, 혹은 바삭하고 황금색을 띨 때까지 굽는다.(피자 4판)

기본 마르게리타 피자

반으로 자른 체리토마토 • 600g
저민 모차렐라, 혹은 프레시 모차렐라치즈 • 240g
기본 피자 도우 • 1분량
잘게 찢은 바질 잎 • 4장
올리브오일 • 1테이블스푼
씨 솔트

오븐을 섭씨 220도(화씨 425도)로 예열하고, 크고 넓은 베이킹트레이나 타일 2장을 오븐에서 적어도 30분 이상 달군다.
토마토를 체에 넣고 엄지손가락으로 할 수 있는 한 많은 양의 즙을 짜내어 토마토 소스를 만들어 한쪽에 둔다.
프레시 모차렐라치즈를 사용한다면 페이퍼타월로 치즈 슬라이스 사이의 물기도 제거한다. 피자 위에 토마토, 모차렐라치즈, 바질 잎을 얹는다. 오일을 뿌린 다음, 소금과 후추도 흩뿌린다. 피자를 2장씩 예열된 트레이에 넣고 10~12분, 혹은 바삭하고 황금색을 띨 때까지 굽는다.(피자 4판)

기본 마르게리타 피자

버터넛 펌킨 페타치즈 로프

크리스피 판체다 칠리 파스타

버터넛 펌킨 페타치즈 로프

껍질을 벗겨 잘게 썬 버터넛 펌킨 • 400g
올리브오일 • 2티스푼
씨 솔트과 막 갈아놓은 후추
액티브 드라이 이스트 • 2테이블스푼
따뜻한 물 • 1/2컵(125ml)
껍질을 벗기고 듬성듬성 썬 어니언 • 1개
여분의 올리브오일 • 1/2컵(125ml)
우유 • 1/2컵(125ml)
살짝 푼 달걀 • 2개
다진 로즈마리 잎 • 1테이블스푼
소금 • 2티스푼
정제설탕(캐스터슈거) • 2티스푼
체에 거른 다목적 용 밀가루 • 3컵(450g)
으깬 소프트 페타치즈 • 200g

오븐을 섭씨 160도(화씨 320도)로 예열하고, 버터넛 펌킨, 올리브오일, 소금과 후추를 볼에 넣고 잘 뒤적여가며 섞은 다음, 베이킹트레이에 담고 15분, 혹은 물렁해질 때까지 구워 한쪽에 둔다.
이스트와 물을 볼에 넣고 저어가며 섞어 이스트 믹스를 만들어 따뜻한 곳에 10분, 혹은 믹스에 거품이 생기기 시작할 때까지 둔다. 어니언, 여분의 올리브오일, 우유, 달걀, 로즈마리, 소금과 설탕을 푸드프로세서 볼에 넣고 잘 어우러져 부드러워질 때까지 돌려 어니언 믹스를 만든다. 밀가루, 어니언 믹스, 이스트 믹스를 볼에 넣고 저어 잘 섞는다. 뚜껑을 덮어 따뜻한 곳에서 1시간, 혹은 반죽의 크기가 2배가 될 때까지 둔다.
페타치즈와 버터넛 펌킨을 반죽에 넣고 잘 섞는다. 2L 용량(8컵)의 가로세로 10cm×20cm 틀에 살짝 오일을 바르고 반죽을 스푼으로 떠 넣는다. 1시간, 혹은 젓가락으로 찔렀을 때 표면에 묻어나오는 것 없을 때까지 구운 다음, 10분 동안 식힌 후 틀에서 꺼낸다.(8인분)

신성하게 만든 파스타에
심플한 소스를 곁들여
치즈를 살짝 뿌려먹는 것보다
만족스러운 일이
또 있을까?

크리스피 판체다 칠리 파스타

잘게 썬 판체타 • 150g
마늘 • 6쪽
껍질을 벗겨 잘게 썬 재패니즈 펌킨 • 500g
칠리 플레이크 • 1/2티스푼
레몬주스 • 1/4컵(60ml)
올리브오일 • 1/4컵(60ml)
설탕 • 1티스푼
스파게티 누들 • 400g
비트 새싹 • 70g

오븐을 섭씨 180도(섭씨 355도)로 예열하고 판체타, 마늘, 재패니즈 펌킨, 칠리 플레이크를 볼에 넣고 뒤적여 섞는다. 베이킹 접시에 담아 25~30분, 혹은 펌킨이 물렁해질 때까지 굽는다. 마늘은 껍질을 까서 스푼 등을 이용해 뭉갠 다음, 마늘, 레몬주스, 올리브오일, 설탕을 볼에 넣고 잘 어우러지도록 섞어 한쪽에 둔다. 큰 냄비에 소금을 넣고 물이 팔팔 끓으면 파스타를 넣어 센불에서 10~12분, 혹은 알 덴테 상태로 삶는다. 물을 따라 버리고 파스타를 다시 냄비에 넣는다. 재패니즈 펌킨, 판체타, 비트 새싹, 드레싱을 넣고 뒤적여 잘 섞는다.(4인분)

바질오일을 곁들인 시금치 라비올리

다듬어 데쳐 물기를 뺀 잉글리시 스피니치 • 2단
리코타치즈 • 200g
강판에 곱게 간 파르메산치즈 • 1/2컵(40g)
강판에 곱게 간 레몬 껍질 • 1테이블스푼
다진 바질 잎 • 1/4컵
완탕 만두피 • 32개
저민 프레시모차렐라 • 200g

바질오일
바질 잎 • 1컵
올리브오일 • 1/2컵(125ml)
레몬주스 • 1테이블스푼

바질, 올리브오일, 레몬주스를 푸드프로세서 볼에 넣고 잘 섞일 때까지 돌려 바질오일을 만들어 한쪽에 둔다.
잉글리시 스피니치를 썰어 볼에 넣고 리코타치즈, 파르메산치즈, 레몬껍질, 바질과 함께 섞어 스피니치 믹스를 만든다. 완탕 만두피를 평평한 도마 위에 놓고 가장자리에 물을 묻힌다. 스피니치 믹스 1테이블스푼을 만두피 중앙에 올리고, 그 위에 만두피 한 장을 덮어, 가장자리를 눌러 새지 않도록 붙인다. 만두피와 속이 다 없어질 때까지 이 과정을 반복한다. 냄비에 물을 부어 소금을 조금 넣고, 끓으면 라비올리를 넣어 3~4분, 혹은 속이 잘 익을 때까지 삶는다. 라비올리를 모차렐라치즈와 어우러지게 세팅하고 바질오일을 뿌려 낸다.(4인분)

바질오일을 곁들인 시금치 라비올리

홈메이드 비트 프리저브

큰 사이즈 비트 • 1.5kg
물 • 2L(8컵)
몰트 비니거 • 2컵(500ml)
브라운슈거 • 4컵(700g)

비트 줄기를 다듬어 2cm 정도 뿌리를 남긴다.(아직 껍질을 벗기거나 썰지 않는다. 익히면 껍질이 쉽게 벗겨진다.) 물, 몰트 비니거, 브라운슈거, 비트를 큰 냄비에 넣고 중불에서 저어가며 익힌다. 끓기 시작하면 뚜껑을 덮어 1시간에서 1시간 10분, 혹은 젓가락이 쉽게 들어갈 때까지 익힌다. 비트는 꺼내고 국물은 그대로 둔다. 비트를 식혔다가 껍질을 문질러 벗긴다. (손에 보라색 물이 드는 것을 방지하려면 장갑을 낀다.) 비트를 슬라이스해서 소독한 병에 담고 비트가 다 덮일 만큼 국물을 부어, 단단히 봉하고 냉장 보관한다. 비트 프리저브는 2주 내에 먹는 것이 좋다.

로스트 베지터블 비트 샐러드

셰리 비니거 • 2테이블스푼
브라운슈거 • 1/4컵(45g)
올리브오일 • 1/4컵(60ml)
씨 솔트과 막 갈아놓은 후추
다듬어 씻고 반으로 가른 어린 비트+ • 400g
다듬어 껍질을 깐 어린 골드비트 • 400g
다듬어 씻은 어린 당근 • 500g
통마늘++ • 6쪽
다듬어 씻은 어린 터닙 • 150g
어린 비트 잎 • 100g

오븐을 섭씨 180도(화씨 355도)로 예열한다. 셰리 비니거, 브라운슈거, 올리브오일, 소금과 후추를 볼에 담고 잘 섞어 비니거 믹스는 만든다. 비트, 어린 당근, 통마늘, 터닙을 베이킹 접시에 담고 비니거 믹스를 부어 뒤적인다. 35~40분, 혹은 무를 때까지 로스트한 다음, 비트 잎과 섞어 낸다.(4인분)

\+ 비트는 삶거나 쪄서 사용할 수 있다. 어린 비트는 30분, 큰 뿌리는 1시간 30분~2시간 정도 걸린다. 혹은 비트를 포일에 싸서 섭씨 180도(화씨 355도)에서 삶거나 찌는 시간과 같은 시간 동안 구워서 사용할 수도 있다. 젓가락으로 찔러 수월하게 잘 들어가면 다 익은 것이다.

++ 이름과 같이 한 통의 크고 둥근 쪽마늘이다. 슈퍼마켓이나 채소가게에서 구할 수 있다.

홈메이드 비트 프리저브

로스트 베지터블 비트 샐러드

비프, 어니언, 레드 와인 파이

펌킨, 시금치, 고트치즈 파이

비프, 어니언, 레드 와인 파이

올리브오일 • 2테이블스푼
잘게 썬 소고기 부채살 • 1kg
껍질을 벗기고 세로로 썬 어니언 • 1개
다진 마늘 • 1개
비프 스톡 • 1 1/2컵(375ml)
물 • 1 1/2컵(375ml)
레드 와인 • 1/4컵(60ml)
월계수 잎 • 1장
타임 잎 • 1테이블스푼
녹말가루 • 2테이블스푼
여분의 물 • 1/4컵(60ml)
해동한 시판 크러스트 페이스트리 • 200g짜리 1장
해동한 시판 퍼프 페이스트리 • 375g짜리 1장
살짝 푼 달걀 • 1개

오븐을 섭씨 200도(화씨 390도)로 예열하고, 큰 냄비는 센불에서 달군다. 올리브오일을 두른 다음 부채살을 나누어 넣고 3~4분씩, 혹은 갈색이 되도록 익힌다. 어니언을 더하고 2~3분 더 조리한다. 마늘을 넣고 1분간 조리한다. 스톡, 물, 와인, 월계수 잎, 타임 잎을 넣는다. 자작하게 1시간 30분, 혹은 부채살이 잘 익도록 조리한다. 녹말가루, 여분의 물을 부채살 믹스에 넣고 저으면서 4~5분, 혹은 믹스가 걸쭉해질 때까지 졸인다. 지름 22cm짜리 파이 접시에 크러스트 페이스트리를 깐다. 부채살 믹스를 접시에 스푼으로 퍼 넣는다. 밀가루를 뿌린 도마 위에 퍼프 페이스트리를 놓고 3~4mm 두께가 될 때까지 민다. 지름 22cm짜리 원을 잘라내서 파이 위를 덮는다. 두 장의 가장자리를 같이 눌러 내용물이 새지 않도록 반죽을 여미고, 여분은 잘라낸다. 파이 뚜껑에 달걀물을 바른다. 뚜껑에 틈새를 만든다. 30~40분, 혹은 뚜껑이 황금색을 띠면 완성이다.(4인분)

펌킨, 스피니치, 고트치즈 파이

가지에서 잘 익은 토마토 슬라이스 • 2개
껍질을 벗겨 저민 버터넛 펌킨 • 500g
껍질을 벗겨 세로로 썬 레드 어니언 • 1개
올리브오일 • 1테이블스푼
해동한 시판 용 퍼프 페이스트리 • 200g짜리 2장
어린 시금치 잎 • 70g
저민 고트치즈 • 150g
살짝 푼 달걀 • 1개

오븐을 섭씨 200도(화씨 390도)로 예열한다. 토마토, 펌킨, 레드 어니언을 논스틱 베이킹페이퍼를 깐 베이킹트레이에 담는다. 올리브오일을 뿌리고 10~15분, 혹은 펌킨이 물렁하게 익을 때까지 구워 한쪽에 두고 완전히 식힌다.
베이킹트레이에 논스틱 베이킹페이퍼를 깔고 페이스트리 1장을 올려 편다. 구운 야채, 시금치, 고트치즈를 올린다. 나머지 페이스트리에 잘 드는 칼을 이용해 금을 긋는다. 파이 필링 위를 덮고 가장자리를 눌러 오므린다. 달걀물을 바르고 30분, 혹은 황금색을 띨 때까지 굽는다. 와이어 렉에서 10분 정도 식힌 후 잘라낸다.(6인분)

레드커리 포크 파이

식용유 • 1테이블스푼
껍질을 벗기고 저민 브라운 어니언 • 1개
다진 포크 필레 • 1kg
레드커리 페이스트 • 1테이블스푼
코코넛밀크 • 2컵(500ml)
치킨 스톡 • 2컵(500ml)
해동한 시판 용 파이 크러스트 페이스트리 • 200g짜리 3장
살짝 푼 달걀 • 1개

오븐을 섭씨 200도(화씨 390도)로 예열하고, 큰 냄비는 센불에 가열한다. 식용유와 브라운 어니언을 2분간 볶는다. 포크와 커리 페이스트를 더하고 3~4분, 혹은 갈색을 띨 때까지 더 볶는다. 코코넛밀크와 스톡을 넣고 자작하게 끓으면 30~40분, 혹은 포크가 부드러워지고 소스가 걸쭉해질 때까지 조금 더 졸여 한쪽에 두고 완전히 식힌다.
파이 크러스트 페이스트리를 지름 8cm 크기의 원형으로 12개 오린다. 파이 틀 6개에 페이스트리 6장을 각각 깐다. 필링을 스푼으로 떠서 파이에 채우고 나머지 페이스트리를 위에 덮은 다음, 가장자리를 눌러 오므리고 달걀물을 바른다. 파이 틀을 베이킹트레이에 가지런히 놓고 30분, 혹은 황금색을 띨 때까지 굽는다.(6개)

레드커리 포크 파이

가을은 짧아진 낮과

한기가 느껴지는 밤에 대한 보상으로

너트를 선물한다.

배를 든든히 채워줄 스낵과

함께 마실 티를 끓일

모닥불이 없다면

우리의 추수 여행은

허전할 수밖에 없다.

펌킨 매시를 곁들인 큐민 로스트 램

큐민 씨 • 2티스푼
씨 솔트 • 1테이블스푼
막 갈아놓은 후추
램 레그 • 400g짜리 2개
브러싱 용 올리브오일 약간
레몬 조각 몇 개

펌킨 매시

껍질을 벗겨 잘게 썬 버터넛 펌킨 • 1kg
껍질을 벗겨 잘게 썬 세바고 포테이토 • 500g
버터 • 50g
헤비크림 • 1/4컵(60ml)
간 큐민 • 1/2티스푼
간 코리엔더 씨 • 1/2티스푼
씨 솔트과 막 갈아놓은 후추

오븐을 섭씨 200도(화씨 390도)로 예열한다. 큰 냄비에 찬물과 소금을 조금 넣고 버터넛 펌킨과 세바고 포테이토를 더한 뒤 끓기 시작하면 10~12분, 혹은 다 익어 부드러워질 때까지 삶아 펌킨 매시를 만든다. 물을 따라버리고 다시 냄비에 펌킨과 포테이토를 넣고 버터와 크림을 넣어 매시가 매끄럽게 될 때까지 으깬다. 빻은 큐민과 코리앤더, 소금과 후추를 넣고 잘 저어 어우러지게 한다. 온도를 따뜻하게 유지하며 한쪽에 둔다.
큐민 씨와 소금, 후추를 작은 푸드프로세서 볼에 넣고 겨우 섞일 정도만 돌려 큐민 믹스를 만든다.+
램에 올리브오일을 바르고 분량의 큐민 믹스를 고루 발라준다. 램을 베이킹트레이에 담고 15~20분간 구워 미디움레어를 만들거나, 기호에 따라 굽는 시간을 조절한다. 램에 펌킨 매시, 나머지 큐민 믹스, 레몬조각을 곁들여 낸다.(4인분)

+ 큐민과 소금, 후추를 지퍼백에 넣고 롤링핀으로 몇 번 밀어 큐민 씨를 빻을 수도 있다.

이제는 포만감을 주는
구운 고기를 즐길 때다.
매시를 함께 곁들이면
그야말로 풍성한,
그리움의 맛이 완성된다.

바비큐 포크

돼지고기 목살 • 1.2kg
살짝 두드려 숨죽인 코리앤더(실란트로) 뿌리 • 3뿌리
스타아니스 • 4개
마늘 • 4쪽
저민 생강 • 20g
호이신 소스 • 1/4컵(60ml)
중국식 쿠킹 와인(샤오싱) • 1컵(250ml)
차슈 소스+ • 1/4컵(60ml)

오븐을 섭씨 180도(화씨 355도)로 예열하고, 돼지고기 목살은 조리 용 노끈으로 묶는다. 코리앤더, 스타아니스, 마늘, 생강을 금속이 아닌 접시에 담고 그 위에 돼지고기를 올린다. 호이신, 샤오싱, 차슈를 볼에 넣고 저어 잘 섞은 다음, 돼지고기에 붓고 1시간 동안 숙성시킨다.
베이킹 접시 바닥에 로스팅 렉을 놓는다. 코리앤더, 마늘, 생강을 양념에서 건져 렉에 올리고 돼지고기를 놓는다. 1시간 30분, 혹은 표면이 끈적하게 캐러멜처럼 되고 속까지 익을 정도로 구운 뒤 저며서 낸다.(10~12인분)

+ 차슈는 중국 광둥 식 요리에서 돼지고기에 맛을 낼 때 흔히 사용되는 소스. 설탕, 꿀, 오향, 붉은 식용색소, 간장, 셰리 등이 들어있다.

블랙 빈 비프

다듬은 소고기 필레 • 500g
다진 마늘 • 2쪽
강판에 곱게 간 생강 • 2티스푼
막 갈아놓은 후추
식물성 식용유 • 1테이블스푼
다진 염장 블랙 빈 • 1/4컵
간장 • 2테이블스푼
물 • 1/2컵(125ml)
다듬어 데친 중국 브로콜리 • 350g

오븐을 섭씨 200도(화씨 390도)로 예열한다. 소고기, 마늘, 생강, 후추, 식용유, 블랙 빈을 금속이 아닌 접시에 담고 뒤적여 잘 섞은 다음, 30분간 숙성시킨다.
중간 크기의 논스틱 프라이팬을 센불에 달군다. 소고기 필레를 건지고 양념은 따로 둔다. 팬에 소고기를 넣고 각 면을 3~4분, 혹은 갈색이 될 때까지 굽는다. 프라이팬에서 꺼내 베이킹팬으로 옮기고 15분 구우면 미디움레어가 된다. 기호에 따라 조리시간을 조절한다. 남겨둔 양념, 간장, 물을 팬에 넣고 저으며 1분간 가열한다. 브로콜리를 넣고 2~3분, 혹은 부드러워질 때까지 볶는다. 소고기를 슬라이스해서 브로콜리, 블랙 빈 소스와 함께 낸다.(4인분)

펌킨 매시를 곁들인 큐민 로스트 램

바비큐 포크

블랙 빈 비프

소금 후추 새우

소이 치킨

소금 후추 새우

씨 솔트 플레이크 • 1/4컵
사천 페퍼콘 • 1티스푼
말린 작은 레드 칠리 • 4개
튀김 용 식용유
껍질을 까고 꼬리는 남겨둔 생새우 • 20마리+
쌀가루 약간

소금, 페퍼콘, 칠리를 프라이팬에 넣고 센불로 가열하고 3~4분, 혹은 맛있는 냄새가 날 때까지 저어가며 볶아 페퍼 믹스를 만든다. 팬에서 꺼내 작은 푸드프로세서 볼에 담고 내용물이 겨우 섞일 정도만 돌려 한쪽에 둔다.
식용유를 크고 깊은 냄비에 담고 중불에서 뜨거워질 때까지 가열한다.
새우에 쌀가루를 솔솔 뿌린 후 2~3분, 혹은 황금색을 띠고 잘 익을 때까지 튀긴다. 새우를 페퍼 믹스와 함께 볼에 넣고 뒤적여 잘 섞는다.(4인분)
+ 새우 대신 닭 가슴 필레, 칼라마리, 혹은 오징어를 굵은 띠 모양이나 링 모양으로 잘라 사용해도 좋다.

소이 치킨

중국식 쿠킹 와인(샤오싱) • 1L(4컵)
진간장 • 3/4컵(185ml)
물 • 2L(8컵)
브라운슈거 • 1컵(175g)
시나몬스틱 • 3개
스타아니스 • 4개
저민 마늘 • 2쪽
저민 생강 • 20g
다진 파(스캘리온) • 2뿌리
오렌지 껍질 • 4조각
닭 • 1.2kg 1마리

오븐을 섭씨 200도(화씨 390도)로 예열하고 샤오싱, 간장, 물, 설탕을 큰 냄비에 넣고 설탕이 녹을 때까지 저어가며 센불에서 가열한다. 불을 약하게 줄인 뒤 시나몬, 스타아니스, 마늘, 생강, 파, 오렌지껍질, 닭을 넣고 30분간 자작하게 끓인다. 닭을 조심스레 건져내서 베이킹트레이 위에 놓인 로스팅 렉에 놓고 15~20분, 혹은 껍질이 황금색을 띠고 바삭해질 때까지 굽는다. 닭을 잘라 접시에 놓고 스푼을 사용해 소이 믹스를 뿌려 낸다.(4인분)

스테이크와 칩

큰 사이즈 세바고 포테이토 • 4개
튀김용 식물성 식용유
꽃등심, 혹은 등심 스테이크 • 200g짜리 4장
브러싱 용 올리브오일 약간
씨 솔트
디종, 혹은 홀그레인 머스터드 약간

오븐을 섭씨 150도(화씨 300도)로 예열한다. 세바고 포테이토의 껍질을 벗기고 1cm 두께에 10cm 길이의 칩으로 썰고, 페이퍼타월을 사용해 물기를 닦는다. 식용유를 뜨겁게 달군 다음, 포테이토를 조금씩 나누어 5분씩, 혹은 바삭하고 황금색을 띨 때까지 튀긴다. 포테이토를 꺼내 종이 위에 놓고 기름기를 뺀다. 그릴을 뜨겁게 예열하고, 오븐을 뜨겁게 유지한다.
스테이크에 오일을 바르고 소금을 뿌려 각 면을 2분씩 구워 미디움레어를 만들거나, 기호에 따라 조리시간을 조절한다. 칩에 소금을 뿌리고 스테이크, 머스터드와 함께 낸다.(4인분)

스파이스 비트를 곁들인 크리스피 덕

다듬어 껍질을 벗긴 어린 골드 비트 • 750g
다듬어 껍질을 벗긴 어린 비트 • 750g
마늘 • 8쪽
오렌지껍질 • 2조각
껍질을 벗겨 얇게 저민 생강 • 4cm 크기 1조각
화이트 와인 • 1/2컵(125ml)
오렌지주스 • 1/2컵(125ml)
브라운슈거 • 1/2컵(90g)
씨 솔트과 막 갈아놓은 후추
껍질 붙은 오리 가슴살 • 230g짜리 4장
브러싱 용 올리브오일 약간

오븐을 섭씨 200도(화씨 390도)로 예열한다. 비트, 마늘, 오렌지껍질, 생강, 와인, 오렌지주스, 소금과 후추를 볼에 넣고 잘 섞어 비트 믹스를 만든다.
가로세로 30cm×40cm짜리 논스틱 베이킹 페이퍼를 베이킹트레이에 놓고 2장을 겹쳐서 세 귀퉁이를 접어 종이봉투 형태로 만들고, 비트 믹스를 봉투에 넣어 마지막 4번째 귀퉁이를 접어 봉한다. 30~35분, 혹은 비트를 젓가락으로 찔렀을 때 수월하게 들어갈 정도로 굽는다.
오리에 올리브오일을 바르고 소금, 후추로 간을 한다. 큰 논스틱 프라이팬을 센불에 달구어 껍질이 팬에 닿게 하여 오리를 4~5분간 굽고, 뒤집어서 다시 4~5분간 더 굽는다. 베이킹트레이에 담아 5분, 혹은 속까지 잘 익도록 구워 비트와 함께 낸다.(4인분)

스테이크와 칩

스파이스 비트를 곁들인 크리스피 덕

오렌슬로우를 곁들인 크런치 포크커틀릿

오텀슬로우를 곁들인 크런치 포크커틀릿

껍질이 붙은 포크 커틀릿 • 200g짜리 4장
포크에 바를 올리브오일 약간
포크에 바를 씨 솔트 약간
여분의 올리브오일 • 1테이블스푼
껍질을 벗겨 저민 큰 레드 어니언 • 1개
다듬어 껍질을 벗기고 사선으로 썬 어린 골드 비트 • 400g
채 썰기 한 레드 애플 • 2개
레드 와인 비니거 • 1/4컵(60ml)
브라운슈거 • 2테이블스푼
채 썰기 한 레드 양배추 • 200g

오븐을 섭씨 230도(화씨 455도)로 예열하고, 페이퍼타월로 포크를 두드려 물기를 제거한다. 잘 드는 칼로 포크 껍질에 칼집을 넣어, 포크에는 올리브오일을 바르고 껍질에는 소금을 발라준다. 베이킹트레이에 놓고 20~15분, 혹은 포크가 속까지 익고 껍질이 바삭해질 때까지 굽는다. 큰 논스틱 프라이팬에 여분의 올리브오일을 넣고 어니언과 비트를 넣고 5분간, 혹은 어니언이 부드러워질 때까지 볶는다. 레드 애플을 더하고 2분간 더 볶고, 비니거와 브라운슈거를 더하고 다시 2분간 더 볶는다. 양배추를 더하고 2분간, 혹은 양배추가 숨이 죽고 비트가 부드러워질 때까지 볶는다. 포크와 팬에 남은 국물과 함께 낸다.(4인분)

3가지 페퍼콘 포크 볶음

물에서 건진 그린 페퍼콘 • 2티스푼
핑크 페퍼콘 • 1테이블스푼
다듬은 포크 필레 • 300g
막 갈아놓은 후추 • 1티스푼
피넛오일 • 1테이블스푼
곱게 채친 생강 • 2테이블스푼
중국식 쿠킹 와인(샤오싱) • 1/3컵(80ml)
맑은 간장 • 2/3컵(160ml)
치킨 스톡 • 1컵(250ml)
다듬은 청경채(초이섬) • 2단

그린 페퍼콘과 핑크 페퍼콘은 절구에 넣고 대충 빻고, 포크는 저며 후추로 간을 하여 한쪽에 둔다. 웍을 센불로 달구고 피넛오일을 넣고 연기가 날 때까지 가열한다. 포크를 나누어 한 번에 2~3분씩 익힌 다음, 웍에서 꺼내 한쪽에 둔다. 빻아놓은 페퍼콘을 웍에 넣고 30초간 볶은 후 생강을 넣고 저어가며 샤오싱, 간장, 스톡을 더해 3~4분, 혹은 조금 걸쭉해질 때까지 가열한다. 포크를 다시 웍에 넣고 청경채를 더하고 1~2분, 혹은 청경채가 부드러워질 때까지 볶는다.(4인분)

갈릭 치킨 팟로스트

2등분 한 마늘 • 1통
레몬 타임 가지 • 6개
치킨 • 1.5kg 1마리
2등분 한 어린 감자 • 12개
2등분 한 피클링 어니언 • 4개
브러싱 용 올리브오일 약간
씨 솔트 플레이크 약간
치킨 스톡 • 1/2컵(125ml)
화이트 와인 • 1/2컵(125ml)

오븐을 섭씨 150도(화씨 300도)로 예열한다. 반 분량의 마늘과 타임을 치킨의 뱃속에 넣고 조리 용 노끈으로 다리를 묶어 바닥이 두꺼운 큰 냄비에 넣는다. 어린 감자, 어니언, 나머지 마늘과 타임을 치킨 주위에 놓고, 치킨에 올리브오일을 바르고 소금을 뿌린다. 스톡과 와인을 넣고 뚜껑을 닫아 1시간 30분간 끓이는데 뚜껑을 열고 45분, 혹은 감자가 부드럽게 익을 때까지 더 조리한다.(4~6인분)

크리스피 서던 프라이드치킨

조각낸 치킨 • 1.5kg 1마리
버터밀크 • 2컵(500ml)
다진 차이브 • 1/4컵
다목적 용 밀가루 • 1 1/2컵(225g)
튀김 용 식물성 식용유

스파이시 솔트

스위트 파프리카 • 2테이블스픈
드라이 허브 믹스 • 2테이블스픈
브라운슈거 • 1테이블스픈
어니언솔트 • 1테이블스픈
칠리 파우더 • 2티스푼
셀러리 솔트 • 1티스푼

파프리카, 드라이 허브 믹스, 브라운슈거, 어니언 솔트, 칠리 파우더, 셀러리 솔트를 볼에 담고 잘 어우러지도록 섞어 스파이시 솔트를 만들어 한쪽에 둔다. 치킨, 버터밀크, 차이브를 볼에 넣고 뒤적이며 섞은 다음, 뚜껑을 덮어 1시간 동안 냉장 숙성한다. 오븐을 섭씨 160도(화씨 320도)로 예열하고, 밀가루와 스파이시 솔트(컵은 남겨 둔다)를 볼에 넣고 잘 섞는다. 치킨을 냉장고에서 꺼내 밀가루 믹스에 잘 섞고, 치킨에 묻은 여분의 밀가루는 잘 털어낸다. 속이 깊은 큰 냄비에 튀김 용 기름을 넣고 뜨거워질 때까지 중불로 가열하고, 치킨을 나누어 한번에 2~3분씩, 혹은 황금색이 되고 바삭거릴 때까지 튀긴다. 트레이로 옮겨 20~25분, 혹은 치킨의 속까지 완전히 익을 때까지 조리한다. 페이퍼타월 위에 놓고 기름을 뺀 뒤 남겨둔 스파이시 솔트를 뿌린다.(6인분)

3가지 페퍼콘 포크 볶음

갈릭 치킨 팟로스트

크리스피 서던 프라이드치킨

버터스카치 소스를 곁들인 애플 푸딩

스위트

무화과 마살라 요크셔 푸딩

플럼 초콜릿 크라푸티

버터스카치 소스를 곁들인 애플 푸딩

얇게 저민 레드 애플 • 2개
정제설탕(캐스터슈거) • 1 1/2테이블스푼
녹인 버터 • 20g
상온에 둔 여분의 버터 • 125g
브라운슈거 • 1컵(175g)
달걀 • 2개
체에 거른 베이킹파우더가 든 밀가루 • 1컵(150g)
아몬드 밀(간 아몬드) • 1/2컵(60g)
우유 • 1/4컵(60ml)
버터스카치 소스 1분량(297페이지 레시피 참조)

오븐을 섭씨 180도(화씨 355도)로 예열한다. 레드 애플, 캐스터슈거, 버터를 볼에 담고 골고루 뒤적여 섞는다. 오븐 사용가능한 1컵이 250ml 용량인 컵 6개에 사과를 얇게 저며 넣는다. 여분의 버터와 브라운슈거를 일렉트릭믹서 볼에 넣고 8~10분, 혹은 가볍게 크림처럼 될 때까지 돌린다. 천천히 달걀을 더하면서 골고루 섞고, 밀가루와 아몬드 밀을 넣고 우유를 넣는다. 반죽을 컵에 넣고 베이킹트레이에 넣는다. 30~35분, 혹은 젓가락으로 찔렀을 때 표면에 묻어나오는 것 없을 때까지 굽는다. 컵들을 뒤집어 플레이트에 세팅하고 버터스카치 소스를 곁들여 낸다.(6인분)

무화과 마살라 요크셔 푸딩

우유 • 2/3컵(160ml)
달걀 • 1개
바닐라추출액 • 1티스푼
강판에 곱게 간 오렌지껍질 • 1티스푼
정제설탕(캐스터슈거) • 2테이블스푼
체에 거른 다목적 용 밀가루 • 1/2컵(75g)
기(인도요리에 사용하는 정제버터) • 2티스푼
무화과 • 2개
마살라+ 약간

오븐을 섭씨 200도(화씨 390도)로 예열한다. 우유, 달걀, 바닐라, 오렌지 껍질, 설탕을 볼에 넣고 잘 섞이도록 젓고, 밀가루를 서서히 더해가며 부드럽게 휘저어준다. 1티스푼 분량의 기를 용량(310ml)의 구리 팬 2개, 혹은 텍사스 머핀 틀에 넣는다. 8~10분, 혹은 연기가 막 나기 시작할 때까지 오븐에 둔다. 컵 분량(125ml)의 반죽을 각 틀에 떠 넣은 뒤 무화과를 올린다. 15분, 혹은 푸딩이 부풀고 황금색을 띨 때까지 구워 마살라를 부어 낸다.(2개)

+ 마살라는 시실리 산 강화 와인이다. 스위트 셰리나 뮈스까(도수가 강한, 단맛이 나는 화이트 와인), 혹은 토카이(헝가리 부다페스트 서북쪽, 보드그로그강과 티셔강이 만나는 곳에서 자라는 포도로 생산한 와인)를 사용해도 무방하다.

플럼 초콜릿 크라푸티

체에 거른 다목적 용 밀가루 • 1/3컵(50g)
체에 거른 코코아 • 1/4컵(25g)
체에 거른 정제설탕(캐스터슈거) • 1/3컵(75g)
바닐라추출액 • 1티스푼
달걀 • 3개
크림(액상타입) • 1컵(250ml)
다진 다크초콜릿 • 1컵(175g)
버터 • 20g
반으로 갈라 씨를 뺀 먹자두 • 6개

오븐을 섭씨 180도(화씨 355도)로 예열한다. 밀가루, 코코아, 설탕을 볼에 담아 밀가루 믹스를 만들고, 다른 볼에는 바닐라, 달걀, 크림을 넣고 잘 저어 섞어 바닐라 믹스를 만든다. 바닐라 믹스를 밀가루 믹스에 부어 잘 섞이도록 휘젓고, 초콜릿을 섞는다. 버터 2컵(500ml)을 지름 13cm 정도 크기의 오븐 사용가능한 프라이팬 2개에 나눠 담고, 녹을 때까지 중불에서 가열한다. 초콜릿 믹스를 위에 넣고 플럼을 얹어 20~25분, 혹은 잘 부풀고 속까지 익을 때까지 굽는다.(2개)

스티키 오렌지 바닐라 업사이드다운 케이크

달걀 • 4개
정제설탕(캐스터슈거) • 1컵(220g)
바닐라추출액 • 1티스푼
베이킹파우더가 든 밀가루 • 1컵(150g)
녹인 버터 • 150g
아몬드 밀(간 아몬드) • 1컵(120g)

스티키 오렌지 토핑

정제설탕(캐스터슈거) • 1컵(220g)
물 • 1/2컵(125ml)
반으로 갈라 씨를 긁어낸 바닐라 빈 • 1줄기
아주 얇게 저민 오렌지 • 2개

오븐을 섭씨 160도(화씨 320도)로 예열한다. 설탕, 물, 바닐라를 2.5L 용량(10컵)의 지름 20cm 논스틱 프라이팬에 넣고 중불에서 가열하며 설탕이 다 녹을 때까지 저어준다. 오렌지를 넣고 10~15분, 혹은 오렌지가 부드러워질 때까지 졸여 스티키 오렌지 토핑을 만들고, 불에서 내려 한쪽에 둔다. 달걀, 설탕, 바닐라를 일렉트릭믹서 볼에 넣고 8~10분, 혹은 믹스가 걸쭉해지기 시작하고 색이 옅어지고 부피는 3배 정도가 될 때까지 돌린다. 밀가루를 믹스 위에서 체에 걸러 반죽을 섞어준다. 반죽을 오렌지 위에 붓고 40~45분, 혹은 젓가락으로 찔렀을 때 표면에 묻어나오는 것이 없을 때까지 굽는다. 팬을 뒤집어 케이크를 빼서 서브한다.(8인분)

스티키 오렌지 바닐라 업사이드다운 케이크

스튜 애플 코코넛 코블러

메이플 서양 배 타틴

스튜 애플 코코넛 코블러

껍질을 벗겨 심을 파내 저민 레드 애플 • 3개
블루베리 • 1컵
정제설탕(캐스터슈거) • 1/2컵(110g)
레몬주스 • 2테이블스푼
물 • 1/4컵(60ml)
반으로 갈라 씨를 긁어낸 바닐라 빈 • 1줄기
아이싱 용 슈거 약간

코코넛 코블러

체에 거른 베이킹파우더가 든 밀가루 • 1컵(150g)
정제설탕(캐스터슈거) • 1/4컵(55g)
다진 버터 • 100g
우유 • 1/3컵(80ml)
바닐라추출액 • 1티스푼
잘게 채 썬 코코넛 • 1/4컵(20g)
으깬 귀리 • 1/4컵(20g)

오븐을 섭씨 180도(화씨 355도)로 예열한다. 레드 애플, 블루베리, 설탕, 레몬주스, 물, 바닐라 빈을 1L 용량(4컵) 18cm 지름의 오븐 사용가능한 팬에 넣고 가열한다. 끓으면 5분, 혹은 사과가 부드러워지기 시작하고 물이 시럽처럼 될 때까지 더 가열한다. 바닐라 빈을 제거한 뒤 한쪽에 둔다.
밀가루, 설탕, 버터를 푸드프로세서에 넣고 믹스가 고운 빵가루처럼 될 때까지 돌려 코코넛 코블러를 만든다. 우유와 바닐라를 서서히 더하면서 살짝 섞일 때까지만 더 돌린다. 코코넛과 귀리를 섞고, 믹스를 사과 위에 얹는다. 25~30분, 혹은 젓가락을 넣었을 때 표면에 묻어나오는 것 없을 때까지 구워, 아이싱 용 슈거를 흩뿌려 낸다.(4인분)

좋아하는 이들과 함께
음식을 나누면
세상이 다 편안한 느낌이 든다.
방은 아늑하고 편안한데
푸딩이 식탁 위에 놓여 있다면
무엇을 망설이겠는가.

메이플 서양 배 타틴

버터 • 25g
메이플 시럽 • 1/4컵(60ml)
저민 서양 배 • 1개
시판 용 퍼프 페이스트리 • 375g짜리 1장
바닐라 아이스크림 약간

오븐을 섭씨 180도(화씨 355도)로 예열한다. 지름 13cm 오븐 사용가능한 논스틱 프라이팬에 버터를 넣고 중불에서 녹인 다음, 메이플 시럽을 넣고 배를 팬 바닥에 세팅한 뒤 5~6분, 혹은 부드러워질 때까지 익혀, 불에서 내려 한쪽에 둔다.
페이스트리는 살짝 밀가루를 뿌린 도마 위에 놓고 5mm 두께로 밀어준다. 지름 14cm 원으로 잘라 배 위에 덮어 팬 안쪽에 들어맞게 만든다. 30~35분, 혹은 페이스트리가 잘 부풀고 황금색을 띨 때까지 구운 다음, 2분 정도 식혔다가 팬을 뒤집어 접시에 담는다. 타틴을 따뜻하게, 혹은 상온에서 아이스크림과 함께 낸다.(2인분)

커피 초콜릿 셀프 소스 푸딩

우유 • 1/2컵(125ml)
녹인 버터 • 35g
살짝 푼 달걀 • 1개
바닐라추출액 • 1티스푼
체에 거른 다목적 용 밀가루 • 1/2컵(150g)
체에 거른 베이킹파우더 • 1 1/2티스푼
체에 거른 인스턴트 커피 • 1테이블스푼
아몬드 밀(간 아몬드) • 1/4컵(30g)
브라운슈거 • 1/4컵(45g)
여분의 브라운슈거 • 1/2컵(90g)
체에 거른 코코아 • 1 1/2컵
물 • 1컵(250ml)
헤비크림 약간

오븐을 섭씨 180도(화씨 355도)로 예열한다. 우유, 버터, 달걀, 바닐라를 볼에 넣고 잘 섞이도록 휘젓는다. 밀가루, 베이킹파우더, 커피, 아몬드, 설탕을 다른 볼에 담고, 우유를 서서히 넣으면서 잘 섞이도록 저어 한쪽에 둔다.
여분의 설탕, 코코아, 물을 1L 용량(4컵)의 오븐 사용가능한 지름 15cm 정도 되는 프라이팬에 넣고 중불에서 가열하고, 설탕이 녹을 때까지 저으면서 끓인다. 불에서 내려 25~30분, 혹은 만져봐서 딱딱하게 느껴질 때까지 구워, 크림을 곁들여 낸다.(4인분)

커피 초콜릿 셀프 소스 푸딩

하이톱 애플 건포도 파이

리틀 커스터드 파이

기본 바닐라 페이스트리

다목적 용 밀가루 • 1 2/3컵 (250g)
정제설탕(캐스터슈거) • 1테이블스푼
베이킹파우더 • 1/4티스푼
잘게 썬 차가운 버터 • 180g
얼음물 • 1/3컵(80ml)
바닐라추출액 • 1티스푼

밀가루, 설탕, 베이킹파우더를 푸드프로세서에 넣고 잘 섞이도록 돌린다. 버터를 더하고 믹스가 고운 빵가루처럼 될 때까지 돌린다. 푸드프로세서의 모터가 켜진 상태에서 서서히 물과 바닐라를 더해 매끄러운 도우가 형성될 때까지 더 돌린다. 사용하기 전 도우를 랩에 싸서 30분간 냉장고에 둔다.

하이톱 애플 건포도 파이

껍질을 벗겨 심지를 뽑고 썬 (그래니스미스) 그린 애플 • 12개
레몬주스 • 1 1/2테이블스푼
정제설탕(캐스터슈거) • 1/2컵(110g)
시나몬 • 1티스푼
바닐라추출액 • 1티스푼
건포도(씨 없는 건포도) • 1/2컵(80g)
기본 바닐라 페이스트리 • 1분량(기본 바닐라 페이스트리 레시피 참조)
아몬드 밀(간 아몬드) • 1/3컵(40g)
브러싱 용 살짝 푼 달걀흰자 • 1개
설탕 약간

오븐을 섭씨 180도(화씨 355도)로 예열한다. 그린 애플과 레몬주스를 크고 속이 깊은 프라이팬에 넣고 중불로 가열한다.
뚜껑을 덮고 가끔 팬을 흔들어 주며 6~8분, 혹은 부드러워질 때까지 익혀 한쪽에 두고 식힌다. 여기에 정제설탕, 시나몬, 바닐라, 건포도를 더하고 잘 섞어 애플 믹스를 만들어 한쪽에 둔다.
페이스트리를 2등분 하고 각 덩어리를 3mm 두께로 민다. 살짝 오일을 바른 22cm 메탈 파이 틀 바닥에 페이스트리한 장을 깔고, 아몬드 밀을 뿌리고 애플 믹스를 빼곡하게 넣어 쌓아, 나머지 페이스트리로 덮고 가장자리를 눌러 오므린 후 여분은 잘라낸다. 파이 뚜껑에 칼집을 넣어준 뒤 달걀흰자를 바르고 설탕을 흩뿌린다. 35~40분, 혹은 페이스트리가 황금색을 띠고 바삭하게 될 때까지 굽는다.(8인분)

리틀 커스터드 파이

우유 • 1/2컵(125ml)
크림(액상 타입) • 1/2컵(125ml)
달걀 • 1개
여분의 달걀노른자 • 1개
정제설탕(캐스터슈거) • 1/4컵(55g)
바닐라추출액 • 1티스푼
기본 바닐라 페이스트리 • 1분량(기본 바닐라 페이스트리 레시피 참조)
살짝 푼 달걀흰자 • 1개
설탕 약간

오븐을 섭씨 160도(화씨 320도)로 예열하고, 우유와 크림을 작은 냄비에 넣어 약불에서 가열해 우유 믹스를 만든다. 막 끓기 시작하면 불을 끈다. 달걀, 달걀노른자, 설탕, 바닐라를 볼에 넣고 잘 섞이도록 저어 서서히 우유 믹스에 섞은 뒤 한쪽에 둔다.
페이스트리를 3mm 두께로 밀고, 지름 16cm 동그라미 4개를 잘라 만들어, 오일을 살짝 바른 지름 9.5cm 메탈 파이 틀 바닥에 깔아, 베이킹트레이에 가지런히 올린다. 바닥을 포크로 몇 번 찔러 구멍을 낸 뒤 살짝 초벌구이 한다. 남은 페이스트리를 다시 3mm 두께로 밀고, 지름 3cm 쿠키 커터를 사용해 동그라미 56개를 찍어내 만들고, 페이스트리 위쪽에 달걀흰자를 발라준다. 동그라미를 가장자리에 돌아가며 얹고 나머지 달걀흰자를 발라준 뒤 설탕을 흩뿌린다. 커스터드를 붓고 30분, 혹은 막 고체화될 때까지 구워 틀에서 식힌다.(4인분)

펌킨 파이

껍질을 벗겨 씨를 빼고 썬 버터넛 펌킨 • 1kg
메이플 시럽 • 1컵(250ml)
달걀 • 4개
크림(액상 타입) • 1컵(250ml)
기본 바닐라 페이스트리 • 1분량(기본 바닐라 페이스트리 레시피 참조)
브러싱 용 살짝 푼 달걀흰자 • 1개
설탕 약간

오븐을 섭씨 160도(화씨 320도)로 예열하고, 버터넛 펌킨을 물이 끓고 있는 냄비에 넣어 15분, 혹은 부드러워질 때까지 삶는다. 물기를 뺀 뒤 푸드프로세서에 넣고 매끈해질 때까지 돌려 한쪽에 두고 식힌다. 메이플 시럽, 달걀, 크림을 더해 잘 섞이도록 저어 펌킨 믹스를 만들어 한쪽에 둔다.
페이스트리를 2등분 해서 각 조각을 3mm 두께로 민다. 지름 18cm인 메탈 파이 틀 2개 각각의 바닥에 페이스트리를 깔고 여분을 잘라낸다. 바닥을 포크로 몇 번 찔러 구멍을 낸 뒤 살짝 초벌구이 한다. 여분의 페이스트리를 다시 3mm 두께로 밀고, 눈물방울 모양의 쿠키 커터를 사용해 60개의 눈물방울 모양을 찍어내 만들고, 페이스트리 위쪽에 달걀흰자를 발라준다. 눈물방울을 가장자리에 돌아가며 얹고 나머지 달걀흰자를 발라준 뒤 설탕을 흩뿌린다. 베이킹트레이에 올린 뒤 펌킨 믹스를 붓고 45분, 혹은 막 고체화될 때까지 구워 틀에서 식힌다.(8인분)

펌킨 파이

캐러멜 서양 배 파이

플럼 아몬드 파이

캐러멜 서양 배 파이

껍질을 벗겨 반으로 갈라 심을 뺀 서양 배 • 3개
물 • 2테이블스푼
기본 바닐라 페이스트리 • 1분량(210페이지 레시피 참조)
브러싱 용 살짝 푼 달걀흰자 • 1개
브라운슈거 • 1/2컵(90g)
골든 시럽 • 1/2컵(175g)
녹인 버터 • 40g
달걀 • 3개
크림(액상 타입) • 1/4컵(60ml)

오븐을 섭씨 160도(화씨 320도)로 예열한다. 서양 배와 물을 크고 깊은 프라이팬에 넣고 중불로 가열한다. 뚜껑을 닫은 후 5~8분, 혹은 배가 막 무르기 시작할 때까지 졸여 한쪽에 둔다. 페이스트리를 3mm 두께로 밀어, 살짝 오일을 바른 지름 28cm의 얕은 메탈 파이 틀 바닥에 페이스트리를 깔고 여분은 잘라낸다. 스푼의 뒷면을 이용해 가장자리를 살짝 눌러준 뒤 달걀흰자를 발라 베이킹트레이에 놓는다.
설탕, 골든 시럽, 버터, 달걀, 크림을 볼에 넣고 잘 섞이도록 젓는다. 배를 페이스트리 위에 가지런히 넣고 위의 캐러멜 믹스를 부어 40~50분, 혹은 막 굳을 때까지 굽는다.(6인분)

플럼 아몬드 파이

기본 바닐라 페이스트리 • 1분량(210페이지 레시피 참조)
아몬드 밀(간 아몬드) • 1/2컵(60g)
씨를 빼 4등분 한 플럼 • 6개
정제설탕(캐스터슈거) • 1/3컵(75g)
브러싱 용 살짝 푼 달걀흰자 • 1개
그래뉴당 약간

오븐을 섭씨 160도(화씨 320도)로 예열하고, 페이스트리를 2등분 한 후 3mm 두께로 각각 민다. 살짝 오일을 바른 지름 23cm 메탈 파이 틀 바닥에 페이스트리 한 장을 깔고 아몬드 밀을 뿌린다. 플럼과 설탕을 볼에 넣고 뒤적여 섞어서 아몬드 밀 위에 가지런히 놓는다.
지름 5.5cm 쿠키 커터를 사용해 동그라미 18개를 찍어낸다. 동그라미를 파이 가장자리에 돌아가며 얹고, 달걀흰자를 바르고 그래뉴당을 흩뿌려준다. 30~35분, 혹은 페이스트리가 황금색을 띠고 바삭해질 때까지 굽는다.(6인분)

루바브 바닐라 래터스 파이

다듬어 얇게 저민 루바브 • 385g
브라운슈거 • 1컵(175g)
옥수수 전분 • 1테이블스푼
반 갈라 씨를 긁어 놓은 바닐라 빈 • 1줄기
기본 바닐라 페이스트리 • 1분량(210페이지 레시피 참조)
살짝 푼 달걀흰자 • 1개
설탕 약간

오븐을 섭씨 160도(화씨 320도)로 예열한다. 루바브, 설탕, 옥수수 전분, 바닐라 빈을 볼에 넣고 잘 섞어 루바브 믹스를 만들어 한쪽에 둔다.
페이스트리를 2등분 한 후 3mm 두께로 각각 민다. 살짝 오일을 바른 지름 22cm 메탈 파이 틀 바닥에 페이스트리 한 장을 깔고, 루바브 믹스를 파이에 넣는다. 라비올리 커터를 사용해 남은 페이스트리로 2cm 너비의 띠를 12개 만든다. 띠를 서로 교차시켜 파이 위에 격자 모양을 만든 다음, 가장자리를 눌러서 오므린 뒤 여분은 잘라내고, 달걀흰자를 바르고 설탕을 흩뿌려준다. 45분, 혹은 페이스트리가 황금색을 띠고 바삭해질 때까지 굽는다.(6인분)

스티키 커런트 번

액티브 드라이 이스트 • 2티스푼
정제설탕(캐스터슈거) • 1/2컵(110g)
미지근한 우유 • 3/4컵(185ml)
체에 거른 다목적 용 밀가루 • 2 1/4컵(335g)
커런트 • 1/2컵(80g)
스파이스 믹스 • 1티스푼
강판에 곱게 간 오렌지껍질 • 1테이블스푼
녹인 버터 • 40g
달걀노른자 • 1개
녹인 살구 잼 • 2테이블스푼
원당 약간

이스트와 설탕 2티스푼, 우유를 볼에 넣고 저어가며 섞어, 따뜻한 곳에 5분, 혹은 표면에 거품이 일 때까지 둔다. 밀가루, 나머지 설탕, 커런트, 스파이스 믹스, 오렌지껍질을 볼에 넣고 섞는다. 버터, 달걀노른자, 이스트 믹스를 더하고 매끄러운 도우가 형성될 때까지 섞는다. 밀가루를 뿌린 도마 위에 도우를 꺼내 놓고 5분, 혹은 매끄럽고 탄성이 생길 때까지 치댄다.
도우를 6등분 한 뒤 볼 모양으로 만든다. 지름 20cm 링 틀에 넣고 깨끗한 타월로 덮고 1시간, 혹은 도우의 크기가 2배로 부풀 때까지 따뜻한 곳에 둔다. 오븐을 섭씨 160도(화씨 320도)로 예열하여, 도우에 잼을 바르고 원당을 흩뿌려준 뒤 45분, 혹은 황금색을 띨 때까지 구워 틀에서 식힌다.(6개)

루바브 바닐라
래터스 파이

숲을 거니는 일은
발에 걸리는 낙엽을 차며
동시에 온갖 상상의 나래를
펼 수 있는 기회다.
핫초코 한 잔에
달콤하고 끈적끈적한 스낵으로
그 순간의 기쁨을 만끽하길.

스티키 커런트 번

더블 핫 초콜릿

더블 핫 초콜릿

다진 양질의 다크초콜릿 • 200g
다진 양질의 밀크초콜릿 • 200g
반으로 갈라 씨를 긁어낸 바닐라 빈 • 4줄기
크림(액상 타입) • 1 1/3컵(330ml)
우유 • 1컵(250ml)

초콜릿, 우유, 바닐라 빈과 바닐라 빈에서 긁어낸 씨를 머그 4개, 혹은 컵 4개에 나누어 넣는다. 크림과 우유를 냄비에 넣고 약한 불에서 2~3분, 혹은 재료가 모두 따뜻해질 때까지 데운다. 다진 초콜릿 위에 붓고 초콜릿이 다 녹을 때까지 젓는다.(4인분)

토피넛 믹스를 곁들인 커피 케이크

상온에 둔 버터 • 150g
브라운슈거 • 3/4컵(130g)
달걀 • 1개
여분의 달걀노른자 • 1개
체에 거른 다목적 용 밀가루 • 1컵(150g)
베이킹파우더 • 1티스푼
인스턴트 커피 • 1테이블스푼
뜨거운 물 • 1티스푼
우유 • 1/4컵(60ml)

토피넛

정제설탕(캐스터슈거) • 1컵(220g)
물 • 1/2컵(125ml)
버터 • 20g
크림(액상 타입) • 1/2컵(125ml)
넛 믹스(아몬드, 호두, 피칸 등) • 1컵(100g)

오븐을 섭씨160도(화씨 320도)로 예열한다. 버터와 브라운슈거를 일렉트릭믹서 볼에 넣고 8~10분, 혹은 가볍고 부드러워질 때까지 돌리고, 달걀과 달걀노른자를 더하고 잘 섞은 다음, 밀가루와 베이킹파우더를 넣고 잘 섞일 때까지 더 돌려 버터 믹스를 만든다. 커피와 뜨거운 물을 볼에 넣고 저어 커피 믹스를 만든다. 커피 믹스와 우유를 버터 믹스에 넣고 반죽을 접듯이 섞는다. 지름 18cm 케이크 틀에 살짝 오일을 바른 뒤 논스틱 베이킹페이퍼를 깔고 반죽을 떠 넣는다. 1시간, 혹은 젓가락으로 찔렀을 때 표면에 묻어나오는 것 없을 때까지 구워, 뒤집어 접시에 꺼내 한쪽에 둔다.
정제설탕과 물을 작은 냄비에 넣고 중불에서 데운다. 설탕이 녹고 끓으면 8~10분, 혹은 짙은 황금색+을 띨 때까지 졸인다. 불에서 내리고 버터와 크림을 조심스레 더하면서 저어 잘 섞고, 넛 믹스를 더해 저어 토피넛을 만든다. 즉시 케이크 위에 올려 낸다.(6인분)
+ 토피를 만들 때는 젖은 붓으로 냄비의 외곽을 훑어야 한다.

시나몬슈거 메이플 애플 케이크

체에 거른 베이킹파우더가 든 밀가루 • 2 1/2컵(375g)
간 시나몬 • 1티스푼
녹인 버터 • 250g
브라운슈거 • 1컵(175g)
메이플 시럽 • 1/2컵(125ml)
달걀 • 4개
껍질을 벗겨 강판에 간 레드 애플 • 6개
여분의 간 시나몬 • 2티스푼
정제설탕(캐스터슈거) • 1컵(220g)

오븐을 섭씨 180도(화씨 355도)로 예열한다. 밀가루와 시나몬을 볼에 넣고 잘 섞는다. 버터, 브라운슈거, 메이플 시럽, 달걀, 사과를 더하고 잘 섞어준다. 1컵 용량(250ml) 번트 케이크 틀+ 12개에 오일을 잘 바르고 반죽을 떠 넣는다. 20분, 혹은 젓가락으로 찔렀을 때 표면에 묻어나오는 것 없을 때까지 구워, 곧바로 뒤집어 꺼낸다.
여분의 시나몬과 슈거를 볼에 넣고 섞어 케이크에 바르고 식힌다.(12개)
+ 번트 케이크 틀은 가운데 구멍이 나고 세로 줄이 들어간 틀이다.

코코넛 케이크

상온에 둔 버터 • 250g
정제설탕(캐스터슈거) • 1 1/4컵(275g)
바닐라추출액 • 1티스푼
달걀 • 4개
체에 거른 다목적 용 밀가루 • 2컵(300g)
말린 코코넛 • 1컵(80g)
우유 • 1컵(250ml)
체에 거른 아이싱 용 슈거 • 4컵(640g)
끓는 물 • 1/3컵(80ml)

오븐을 섭씨 160도(화씨 320도)로 예열하고 버터, 설탕, 바닐라를 일렉트릭믹서 볼에 넣고 부드러워질 때까지 돌리고, 달걀을 서서히 더하면서 잘 섞는다. 밀가루, 코코넛, 우유를 더하고 잘 섞이도록 더 돌린다. 2.5L 용량(10컵) 번트 케이크 틀+에 오일을 잘 바른 뒤 반죽을 떠 넣고 1시간, 혹은 젓가락으로 찔렀을 때 표면에 묻어나오는 것 없을 때까지 구워 렉에서 10분간 식히고, 뒤집어서 와이어 렉에 놓고 완전히 식힌다.
아이싱 용 슈거와 물을 볼에 넣고 매끈해질 때까지 휘젓는다.
아이싱을 케이크 위에 붓고 10분 정도 굳힌다.(8~10인분)
+ 번트 케이크 틀은 가운데 구멍이 나고 세로 줄이 들어간 틀이다.

토피넛 믹스를 곁들인 커피 케이크

시나몬슈거 메이플 애플 케이크

코코넛 케이크

chapter four

winter

아웃도어 파티는 겨울에도 주목을 받는다.
당신에겐 분명 자신만의 휴가를 즐기는 장소가 있고
청명한 공기는 식욕을 돋운다.
스웨터를 하나 걸치고 비니를 쓰고
큰 모닥불을 지펴 야외파티를 준비하자.

세이버리

레몬케이퍼 마요네즈를 곁들인 크랩
갈릭 피피스
모차렐라 스콘스틱
갈릭 파르메산 브레드
핸드 컷 칩스와 아이올리
로스트 벨 페퍼 갈릭 해산물스프
버섯 페스토 고트치즈 롤
송아지 고기, 버섯, 피클 토스트
그릴 치즈 리크 토스트
칠리 스테이크 롤
치즈 오레가노 치킨 롤
아이올리를 곁들인 크런치 올리브 폴렌타 핑거
치즈베이크를 곁들인 올리브 타파나드
캐러멜라이즈 어니언과 앤초비 타르트
콜리플라워 그라탕
리코타치즈 판체타 양배추 롤
데친 시금치를 곁들인 레몬버터 도미
로스트 갈릭과 리코타치즈 파스타
페타치즈 매시를 곁들인 올리브 크러스트 송아지 고기
셀피시 차우더
레드 와인 비니거 드레싱을 곁들인 오리 콩피
로즈마리 렘 숄더
세이지 포크 벨리
머스터드 로스트 비프
블랙 에일 슬로우 로스트 송아지 고기
갈릭 로제 렘
레몬 갈릭 치킨
캐러멜라이즈 애플을 곁들인 오리 메릴랜드
사이다 로스트 포크 숄더

레몬케이퍼 마요네즈를 곁들인 크랩

청색 꽃게+ • 1kg(약 3마리)+
레몬케이퍼 마요네즈
마요네즈 • 1컵(300g)
강판에 곱게 간 레몬껍질 • 1테이블스푼
레몬주스 • 1테이블스푼
건져서 썬 염장 케이퍼 • 1/4컵(50g)
다진 이탈리안 파슬리 • 1/4컵
곱게 다진 앤초비 필레 • 3장
씨 솔트과 막 갈아놓은 후추

마요네즈, 레몬껍질, 레몬주스, 케이퍼, 파슬리, 앤초비, 소금과 후추를 볼에 넣고 잘 섞어 레몬케이퍼 마요네즈를 만든 후 한쪽에 둔다. 소금을 넣어 팔팔 끓는 물에 꽃게를 집어넣고 3~4분, 혹은 게 껍질이 오렌지빛을 띨 때까지 삶는다. 잘 드는 큰 칼로 게를 반으로 갈라 마요네즈와 함께 낸다.(4인분)

+ 이 레시피는 민물가재, 크레이 피시(가재), 왕새우, 랍스터, 마론(가재) 등 어떤 해산물하고도 다 잘 어울린다.

갈릭 피피스

올리브오일 • 1테이블스푼
버터 • 100g
다진 마늘 • 4쪽
드라이 화이트 와인 • 1/2컵(125ml)
해감한 후 건진 피피스, 혹은 클램+ • 1kg
레몬 조각 몇 개, 다진 파슬리 조금 그리고 껍질이 딱딱한 브레드 몇 조각

올리브오일, 버터, 다진 마늘, 화이트 와인, 피피스(호주 산 식용 조개의 일종)를 큰 냄비에 넣고 센불로 가열한다. 뚜껑을 닫고 4~5분, 혹은 피피스가 입을 벌릴 때까지 익힌다.

+ 피피스와 클램은 조리하기 전 찬 물에 30분 동안 담가, 모래와 이물질이 클램에서 빠지게 해야 한다.

모차렐라 스콘 스틱

체에 거른 다목적 용 밀가루 • 3 1/2컵(525g)
베이킹파우더 • 3 1/2티스푼
씨 솔트 플레이크 • 2티스푼
강판에 간 모차렐라치즈 • 1컵(100g)
내추럴 요거트 • 3/4컵(200g)
우유 • 1 1/4컵(310ml)

오븐을 섭씨 200도(화씨 390도)로 예열한다. 밀가루, 베이킹파우더, 소금, 치즈를 볼에 넣고 잘 섞는다. 잘 섞인 믹스는 가운데 우물을 만들고 잘 어우러지도록 버터나이프로 저어가며 요거트와 우유를 서서히 섞어 준다. 밀가루를 뿌린 도마 위에 반죽을 꺼내 8등분 한다. 덩어리를 각각 20cm 길이가 되게 만든 뒤 꼬치에 꿴다. 밀가루를 뿌린 베이킹트레이에 놓고 15~18분, 혹은 속까지 다 익도록 굽는다.(8개)

+ 모닥불에서 만들려면 스틱에 감아 활활 타는 불이 아닌, 숯불에 굽는다. 자주 뒤집어 주면서 10~15분, 혹은 속까지 다 익도록 굽는다.

갈릭 파르메산 브레드

사워도우 브레드 • 1덩어리
버터 • 125g
다진 마늘 • 2쪽
씨 솔트과 막 갈아놓은 후추
강판에 곱게 간 파르메산치즈 • 1/2컵(40g)
다진 바질 잎 • 1테이블스푼

오븐을 섭씨 200도(화씨 390도)로 예열한다. 큰 빵 칼로 사워도우 브레드를 1cm 두께로 슬라이스 하되, 끝까지 다 자르지는 않는다. 버터, 마늘, 소금과 후추를 작은 냄비에 넣고 약불에서 버터가 다 녹을 때까지 가열해 갈릭버터 믹스를 만든다. 파르메산치즈와 바질을 넣고 젓는다. 빵 사이를 조심스레 벌리고 갈릭버터 믹스를 바른다. 빵 덩어리를 베이킹페이퍼와 알루미늄포일로 싸서 베이킹트레이에 놓는다. 25~30분, 혹은 치즈가 녹고 빵이 황금색이 될 때까지 굽는다.(6인분)

레몬케이퍼 마요네즈를 곁들인 크랩

아웃도어에서 해먹는 음식이
더 맛있다는 해묵은 이야기를
시험할 때가 바로 지금이다.
해산물을 숯불로 냄비째
조리해서 먹는 것보다
바닷가에서의 하루를 만끽하는
더 좋은 방법이 있을까.

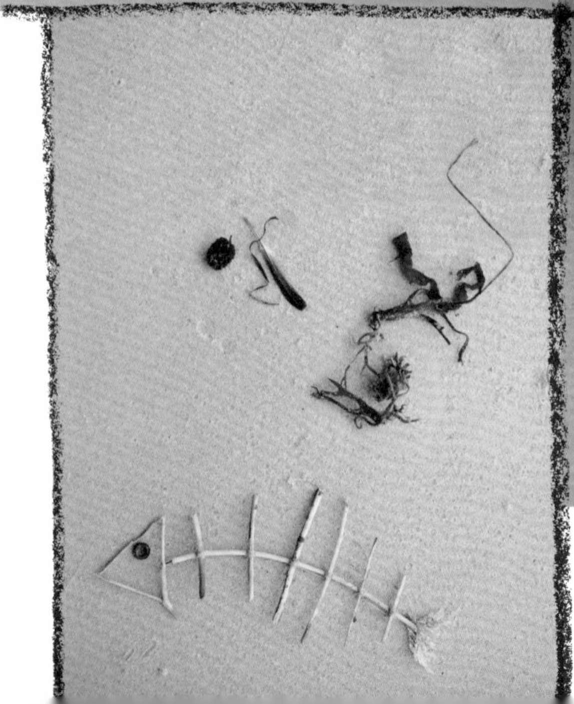

갈릭 피피스 + 모차렐라 스콘 스틱

갈릭 파르메산 브레드

핸드 컷 칩스와 아이올리

핸드 컷 칩스와 아이올리

껍질을 벗겨 세로로 자른 세바고 포테이토 • 500g
식물성 식용유 • 2테이블스푼
씨 솔트
아이올리 1분량(296페이지 레시피 참조)

오븐을 섭씨 200도(화씨 390도)로 예열한다. 세바고 포테이토를 베이킹트레이에 담고 식물성 식용유와 소금을 함께 넣어 고루 간이 배이도록 뒤적인다. 30~35분, 혹은 황금색을 띠고 바삭해질 때까지 굽는다. 아이올리와 곁들여 낸다.(2~4인분)

로스트 벨 페퍼 갈릭 해산물스프

4등분 해서 씨를 뺀 레드 벨 페퍼(캡시컴) • 1개
마늘 • 3쪽
올리브오일 • 1티스푼
부드러운 빵가루 • 1/2컵(35g)
여분의 올리브오일 • 2테이블스푼
껍질을 까고 다진 브라운 어니언 • 1개
여분의 다진 마늘 • 2쪽
피시 스톡 • 3L(12컵)
토마토 퓨레(토마토 소스) • 1컵(250ml)
사프란+ • 3가닥
칠리 플레이크 • 1/4티스푼
껍질을 벗기고 꼬리를 남긴 중간 사이즈 생새우 • 500g
깨끗이 손질한 홍합 • 12개
다듬어 자른 흰살 생선 필레 • 120g짜리 2장
처빌 잎 약간

오븐을 섭씨 200도(화씨 390도)로 예열한다. 레드 벨 페퍼와 마늘을 베이킹트레이에 담고 25~30분, 혹은 벨 페퍼 껍질이 검게 되고 마늘이 부드러워질 때까지 굽는다. 식혀서 껍질을 벗긴다. 껍질을 깐 레드 벨 페퍼와 마늘을 작은 푸드프로세서에 넣고 오일과 빵가루도 넣고 매끄러워질 때까지 돌려 로스트 레드 벨 페퍼 믹스를 만들어 한쪽에 둔다.
큰 냄비를 중불에 달군다. 여분의 올리브오일, 어니언, 여분의 다진 마늘을 넣고 3~4분, 혹은 어니언이 부드러워질 때까지 볶는다. 스톡, 토마토 퓨레, 사프란, 칠리를 더한다. 끓으면 불을 줄이고 20분간 더 끓인다. 새우, 홍합, 생선을 넣고 5분, 혹은 해산물이 다 익고 홍합 입이 벌어질 때까지 자작하게 졸인다. 볼에 담고 로스트 레드 벨 페퍼 믹스를 저어 넣고 처빌 잎사귀를 위에 얹는다.(4인분)

+ 사프란은 크로커스 꽃의 술에서 추출한 선홍색의 향기로운 향신료이다. 소량씩 포장 판매되며, 음식에 향과 색을 더해주는 역할을 한다.

버섯 페스토 고트치즈 롤

버터 • 30g
스위스 브라운 머시룸 • 200g
씨 솔트과 막 갈아놓은 후추
2등분 한 사워도우 • 2개
고트치즈커드, 혹은 소프트 고트치즈 • 80g
강판에 간 스위스치즈 • 1/2컵(60g)

바질페스토.

바질 잎 • 1컵
볶은 파인 너트 • 1/4컵(40g)
강판에 곱게 간 파르메산치즈 • 1/3컵(25g)
다진 마늘 • 1쪽
올리브오일 • 1/2컵(125ml)
씨 솔트 플레이크

바질, 파인 너트, 파르메산, 다진 마늘, 오일, 소금을 작은 푸드프로세서에 넣고 잘 섞일 때까지 돌려 바질 페스토를 만들어 한쪽에 둔다.
버터를 큰 논스틱 프라이팬에서 중불에 녹인다. 버섯, 소금과 후추를 넣고 5~8분, 혹은 갈색이 될 때까지 볶아 한쪽에 둔다. 페스토와 고트치즈커드를 빵에 바르고 치즈를 얹은 뒤, 예열된 핫그릴(브로일)에서 1~2분, 혹은 치즈가 녹고 황금색을 띨 때까지 굽는다. 버섯을 얹어 낸다.(2인분)

송아지 고기, 버섯, 피클 토스트

올리브오일 • 1테이블 스픈
여분의 브러시 용 올리브오일
껍질을 벗기고 저민 어니언 • 1개
타임 잎 • 1테이블스푼
얇은 송아지 커틀릿 • 85g짜리 2장
치아바타 브레드 • 6조각
디종 머스터드 • 2테이블스푼
마요네즈 • 1/4컵(75g)
숙성된 체다 슬라이스 • 80g
딜 피클 슬라이스 • 4장

큰 논스틱 프라이팬에 오일을 두르고 약한 불에서 달군다. 어니언과 타임을 넣고 10분간 익힌다. 뚜껑을 덮고 10분, 혹은 황금색을 띨 때까지 더 익혀 한쪽에 둔다. 불을 세게 올린 뒤 송아지에 브러싱 용 올리브오일을 발라주고 한 면당 1~2분씩, 혹은 갈색이 될 때까지 굽는다. 반으로 잘라 한쪽에 둔다. 치아바타 브레드에 머스터드와 마요네즈를 바르고, 체다를 올린 뒤 예열된 핫그릴(브로일러)에서 1~2분, 혹은 치즈가 녹을 때까지 굽는다. 반 분량의 피클을 올리고, 어니언, 송아지 커틀릿을 빵 세 쪽 사이에 끼운다. 나머지도 그렇게 한다.(2개)

로스트 벨 페퍼 갈릭 해산물스프

버섯 페스토 고트치즈 롤

송아지 고기, 버섯, 피클 토스트

그릴 치즈 리크 토스트

칠리 스테이크 롤

그릴 치즈 리크 토스트

버터 • 30g
다듬어 저민 리크 • 2줄기
여분의 버터 • 30g
다목적 용 밀가루 • 1테이블스푼
우유 • 1/2컵(125ml)
스타우트와 같은 다크 에일 맥주 • 1/4컵(60ml)
우스터 소스 • 2티스푼
잉글리시 머스터드 • 1티스푼
강판에 간 체다치즈 • 1/2컵(60g)
달걀노른자 • 2개
씨 솔트과 막 갈아놓은 후추
두껍게 썬 화이트 브레드 • 4조각

큰 논스틱 프라이팬에 버터를 넣고 중불로 가열한다. 저민 리크를 넣고 5~8분, 혹은 리크가 부드러워지고 갈색이 될 때까지 볶아 한쪽에 둔다.
여분의 버터를 냄비에 넣고 약불에서 녹인다. 밀가루를 더하고 3~5분, 혹은 밝은 황금색이 돌 때까지 저으며 가열한다. 서서히 휘저으며 우유를 더한 뒤 30초, 혹은 걸쭉해질 때까지 계속 저어준다. 맥주, 우스터 소스, 머스터드, 체다치즈, 달걀노른자, 소금과 후추를 휘저으며 더한 뒤 3~5분, 혹은 살짝 걸쭉해질 때까지 더 저어주며 치즈 믹스를 만든다.
화이트 브레드 한쪽에 리크를 올리고, 남은 빵 한쪽을 위에 덮는다. 그 위에 리크와 치즈 믹스를 얹는다. 예열된 핫그릴(브로일러)에서 1~2분, 혹은 황금색을 띨 때까지 굽는다.(2인분)

어제 먹다 남은 치킨이
팬에 구운 토스트롤 안에서
오늘의 테이블 스타로 탈바꿈할 거라고
상상할 수 있을까?

칠리 스테이크 롤

다듬어 얇게 저민 비프스테이크 • 60g짜리 2장
드라이 레드 와인 • 1/4컵(60ml)
다진 마늘 • 2쪽
로즈마리 잎 • 1테이블스푼
올리브오일 • 1케이블스푼
버터 • 30g
반으로 갈라 구운 로제타 롤 • 2개
레몬 조각 몇 개

칠리오일
채썬 작은 레드 칠리 • 5개
씨 솔트 플레이크
올리브오일 • 1/4컵(60ml)

칠리와 소금을 절구에 넣고 잘 빻는다. 여기에 오일을 넣고 칠리오일을 만들어 한쪽에 둔다. 비프스테이크, 와인, 다진 마늘, 로즈마리, 오일을 볼에 넣고 뒤적여 잘 섞는다. 15분간 숙성시킨다. 큰 논스틱 프라이팬에 버터를 넣고 센불에서 녹인다. 재워둔 비프스테이크를 한 면당 30~60초씩 구워 미디움레어 상태를 만든다. 팬에서 비프를 꺼내 얇게 썬다. 양념을 팬에 넣고 저어 섞는다. 로제타 롤에 비프를 얹고, 팬에 고기를 구울 때 만들어진 국물을 떠서 뿌리고, 오일도 뿌려 맛을 낸다. 레몬 조각을 곁들여 낸다.(2인분)

치즈 오레가노 치킨 롤

익혀서 잘게 찢은 닭 가슴살 • 200g짜리 2장
다진 오레가노 잎 • 1테이블스푼
강판에 간 폰티나치즈+ • 1/4컵(25g)
강판에 간 체다치즈 • 1/4컵(30g)
마요네즈 • 2테이블스푼
사워크림 • 1/4컵(60g)
반으로 가른 치아바타 롤 • 2개

치킨, 오레가노, 체다치즈, 마요네즈, 사워크림을 볼에 넣고 잘 섞는다. 반으로 자른 치아바타 롤 위에 만들어 놓은 재료를 올리고 다른 반쪽의 빵으로 덮는다. 큰 논스틱 프라이팬을 중불에 달군다. 치아바타 롤을 팬에 올리고, 깡통 같은 것을 사용해 롤을 누른다.++ 각 면당 1~2분, 혹은 황금색을 띠고 치즈가 녹을 때까지 굽는다.(2인분)

+ 폰티나치즈는 우유로 만든 반경질 치즈다. 달콤하고 고소한 맛이 난다.
++ 프라이팬 대신 전기 샌도위치 프레스를 사용해도 무방하다.

치즈 오레가노 치킨 롤

아이올리를 곁들인 크런치 올리브 폴렌타 핑거

치즈베이크를 곁들인 올리브 타파나드

아이올리를 곁들인 크런치 올리브 폴렌타 핑거

치킨 스톡 • 3컵(750ml)
버터 • 50g
인스턴트 폴렌타 • 1컵(170g)
다진 칼라마타 올리브 • 1/3컵(55g)
여분의 인스턴트 폴렌타 • 2/3컵(110g)
로즈마리 잎 • 1/3컵
씨 솔트
손쉬운 아이올리 • 1분량(302페이지 레시피 참조)

오븐을 섭씨 200도(화씨 390도)로 예열한다. 스톡과 버터를 중간 크기 냄비에 넣고 센불에서 가열해 끓인다. 불을 중불로 줄이고 서서히 폴렌타를 더한다. 저어가면서 2분, 혹은 걸쭉해질 때까지 계속 가열한다. 불에서 내리고 올리브를 섞는다. 1.5L 용량(6컵)의 가로세로 28cm×16cm 크기의 사기 접시에 믹스를 떠넣고 완전히 식힌다. 평평한 곳에 접시를 뒤집어 폴렌타를 꺼낸다. 여분의 폴렌타를 위에 살짝 흩뿌려 조각낸다. 폴렌타 핑거와 로즈마리를 오일을 살짝 바른 베이킹트레이에 가지런히 놓고 25분, 혹은 바삭해질 때까지 굽는다. 소금을 뿌려주고 아이올리를 곁들여 그릴 스테이크나 치킨의 사이드 디시로 낸다.(6인분)

치즈베이크를 곁들인 올리브 타파나드

씨를 제거한 칼라마타 올리브 • 1컵(150g)
헹구어 물기를 제거한 염장 케이퍼 • 1테이블스푼
앤초비 필레 • 3조각
마늘 • 2쪽
칠리 플레이크 • 1/4티스푼
바질 잎 • 1/2컵
이탈리안 파슬리 • 1/2컵
올리브오일 • 1/4컵(60ml)
2등분 한 둥근 고트치즈 • 240g
껍질이 단단한 구운 브레드 몇 조각

올리브, 케이퍼, 앤초비, 마늘 1쪽, 칠리, 바질, 파슬리, 올리브오일 2테이블스푼을 푸드프로세서에 넣고 매끄러운 페이스트 형태가 될 때까지 돌려 한쪽에 둔다.(1컵 분량)
남은 마늘을 다지고 나머지 올리브오일을 더해 갈릭오일을 만든다. 치즈를 논스틱 베이킹페이퍼 위에 놓고 갈릭오일을 뿌려준다.
예열된 핫그릴(브로일러)에서 2~3분, 혹은 윗부분이 황금색을 띨 때까지 굽는다. 올리브 타파나드, 브레드와 곁들여 낸다.(4인분)

캐러멜라이즈 어니언과 앤초비 타르트

올리브오일 • 1/4컵(60ml)
껍질을 벗겨 얇게 썬 브라운 어니언 • 1.5kg
셰리 비니거 • 1/2컵(125ml)
브라운슈거 • 1/2컵(110g)
씨 솔트과 막 갈아놓은 후추
해동한 시판 용 퍼프 페이스트리 • 200g짜리 2장
반으로 갈라 씨를 뺀 칼라마타 올리브 • 1/3컵(55g)
앤초비 필레 • 12장
타임 가지 • 12개
살짝 푼 달걀노른자 • 1개

오븐을 섭씨 200도(화씨 390도)로 예열한다. 큰 냄비를 중불에 달군다. 올리브오일과 브라운 어니언을 넣고 20~25분, 혹은 황금색이 돌 때까지 캐러멜라이즈하여 어니언 믹스를 만든다. 셰리 비니거, 브라운슈거, 소금과 후추를 넣어 섞고 5분간, 혹은 걸쭉하고 시럽처럼 될 때까지 더 졸인다. 각 페이스트리를 반으로 잘라 논스틱 베이킹페이퍼를 깐 베이킹트레이에 놓는다. 직사각형의 가장자리에 1cm 넓이 경계를 만든다. 어니언 믹스를 고르게 나눠 깔고 올리브, 앤초비, 타임을 올린다. 페이스트리 가장자리에 달걀물을 바르고 12~15분, 혹은 잘 부풀고 황금색을 띨 때까지 굽는다.(4개)

콜리플라워 그라탕

다듬어 조각낸 콜리플라워 • 1.2kg
프레시 사워도우 브레드 크럼 • 1컵(70g)
버터 • 30g
강판에 곱게 간 파르메산치즈 • 1컵(80g)
씨 솔트과 막 갈아놓은 후추
크림(액상 타입) • 1/3컵(80)ml

그릴(브로일러)을 뜨겁게 달군다. 큰 냄비에 찬물과 소금을 넣고 끓인다. 콜리플라워를 1~2분, 혹은 막 부드러워질 정도로 삶아 물기를 잘 제거한다. 브레드 크럼, 버터, 반 분량의 파르메산치즈, 소금과 후추를 볼에 넣고 잘 섞어 빵가루를 만든다. 콜리플라워를 1L 용량(4컵) 베이킹 접시에 넣고 크림을 붓고 브레드 크럼 믹스와 나머지 파르메산치즈를 올린다. 브로일러에서 3~5분, 혹은 윗부분이 황금색을 띠고 바삭해질 때까지 굽는다.(4~6인분)

캐러멜라이즈 어니언과 앤초비 타르트

콜리플라워 그라탕

리코타치즈 판체타 양배추 롤

리코타치즈 판체타 양배추 롤

중국 배춧잎 • 8장
리코타치즈 • 250g
으깬 페타치즈 • 100g
강판에 곱게 간 레몬껍질 • 1테이블스푼
씨 솔트과 막 갈아놓은 후추
판체타 • 8장
치킨 스톡 • 2컵(500ml)

오븐을 섭씨 180도(화씨 355도)로 예열한다. 큰 냄비에 찬물을 붓고 소금을 조금 넣고 끓인다. 배춧잎을 몇 개씩 나눠 넣은 뒤 1~2분, 혹은 부드러워질 때까지 삶는다. 물기를 빼고 페이퍼타월로 잘 두드려 닦는다. 리코타치즈, 페타치즈, 레몬껍질, 소금과 후추를 볼에 넣고 잘 섞어 리코타치즈 믹스를 만든다. 배춧잎 1장에 판체타 1장씩을 깔아 주고, 그 위에 리코타 믹스를 한 스푼씩 듬뿍 올린다. 배춧잎 귀퉁이를 접어 말아서 속이 빠지지 않도록 잘 오므린다. 오븐 용 베이킹 접시에 양배추 쌈을 놓고 치킨 스톡을 부어준 뒤 15분, 혹은 속까지 잘 익을 때까지 익힌다. 팬에 남은 국물을 곁들여 낸다.(4인분)

데친 시금치를 곁들인 레몬버터 도미

다목적 용 밀가루 약간
씨 솔트과 막 갈아놓은 후추
버터 • 30g
올리브오일 • 1테이블스푼
도미 필레 • 200g짜리 4장
레몬주스 • 2티스푼
여분의 버터 • 30g
다진 마늘 • 2쪽
어린 시금치 잎 • 300g
야생 올리브 • 1/4컵(45g)
다진 딜 잎 • 2테이블스푼

밀가루, 소금, 후추를 섞어 밀가루 믹스를 만들어 한쪽에 둔다. 논스틱 프라이팬에 버터와 오일을 넣고 버터가 다 녹을 때까지 중불로 가열한다. 도미 필레에 밀가루 믹스를 묻혀서 팬에 넣고 각 면당 2~3분, 혹은 잘 익을 때까지 튀긴다. 레몬주스를 더하고 불에서 내려 따뜻하게 보관한다. 냄비를 중불로 가열한다. 여분의 버터와 마늘을 넣고 1~2분간 볶는다. 시금치, 딜, 소금과 후추를 넣고 1~2분, 혹은 시금치가 살짝 숨이 죽을 때까지 익힌다. 시금치와 팬의 국물을 도미와 같이 낸다.(4인분)

로스트 갈릭과 리코타치즈 파스타

마늘 • 10쪽
씨를 뺀 칼라마타 올리브 • 2컵(300g)
올리브오일 • 1/3컵(80ml)
헹구어 물기를 뺀 염장 케이퍼 • 2테이블스푼
파인 넛 • 1/4컵(40g)
오레가노 잎 • 1/3컵
레몬주스 • 1테이블스푼
넓은 테이프 형태로 자른 프레시 라자냐 • 375g
씨 솔트과 막 갈아놓은 후추
리코타치즈 • 250g
강판에 곱게 간 파르메산치즈 • 1 1/2컵(120g)

오븐을 섭씨 180도(화씨 355도)로 예열한다. 마늘, 칼라마타 올리브, 1테이블스푼의 올리브오일을 베이킹 접시에 담아 잘 섞이도록 뒤적인다. 15분, 혹은 마늘이 부드럽게 익을 때까지 구워 껍질을 까서 빻아 한쪽에 둔다. 나머지 오일을 논스틱 프라이팬에 넣고 뜨거워질 때까지 중불로 가열한다. 케이퍼, 파인 넛, 오레가노 잎을 넣고 2~3분, 혹은 오레가노 잎이 바삭해질 때까지 볶는다. 여기에 레몬주스를 넣은 뒤 불에서 내려 파인 넛 믹스를 만들어 한쪽에 둔다. 냄비에 찬물을 붓고 소금을 조금 넣은 뒤 끓으면 라자냐를 넣고 5분, 혹은 알 덴테가 될 때까지 삶는다. 물기를 빼고 팬에 다시 넣는다. 올리브, 빻아 놓은 마늘, 파인 넛 믹스, 소금과 후추, 리코타치즈, 파르메산치즈를 더하고 잘 뒤적여준다. 접시에 나눠 담아 낸다.(4인분)

단순함이 의외로
가장 놀라운 것일 수 있다.
살짝 숨이 죽은 녹색 야채와
올리브를 곁들인 싱싱한
생선 필레를 떠올려보라.

데친 시금치를 곁들인 레몬버터 도미

로스트 갈릭과 리코타치즈 파스타

페타치즈 매시를 곁들인 올리브 크러스트 송아지

밥벌이를 위해

일을 해야 하는 나날들……

그러나 때로는 낚시를 가거나 하이킹,

자전거 타기, 독서로 보내는 날도 있지 않은가.

저녁에 뭘 해먹을지가

최대의 고민거리인

날들을 음미하기로.

winter

세이버리

페타치즈 매시를 곁들인 올리브크러스트 송아지 고기

부드러운 빵가루 • 3/4컵(45g)
다진 그린 올리브 • 1/3컵(55g)
잘게 썬 이탈리안 파슬리 • 2테이블스푼
녹인 버터 • 50g
씨 솔트과 막 갈아놓은 후추
송아지 고기 커틀릿 • 125g짜리 4장
디종 머스터드 • 1테이블스푼

페타치즈 매시

껍질을 벗겨서 썬 세바고 포테이토 • 1kg
우유 • 3/4컵(185ml)
올리브오일 • 1/4컵(60ml)
으깬 페타치즈 • 150g
다진 칼라마타 올리브 • 1/2컵(80g)
씨 솔트과 막 갈아놓은 후추

오븐을 섭씨 200도(화씨 390도)로 예열한다. 냄비에 찬물을 붓고 소금을 넣어 세바고 포테이토를 넣는다. 물이 끓은 후 15~20분, 혹은 포테이토를 젓가락으로 찔렀을 때 쉽게 들어갈 때까지 끓인다. 세바고 포테이토의 물기를 잘 제거한 후 냄비에 다시 넣고 매끄러워질 때까지 으깬다. 우유와 올리브오일을 넣고 잘 섞일 때까지 저어준다. 페타치즈, 칼라마타 올리브, 소금과 후추를 넣고 페타치즈 매시를 만들어 따뜻하게 온도를 유지하여 한쪽에 둔다.
빵가루, 올리브, 파슬리, 버터, 소금과 후추를 볼에 넣고 저어가며 잘 섞어 빵가루 믹스를 만든다. 송아지 고기에 머스터드와 빵가루 믹스를 발라준다. 베이킹트레이에 오일을 살짝 바르고 송아지 고기를 올리고 12~15분, 혹은 황금색이 돌고 속까지 잘 익을 때까지 굽는다.
페타치즈 매시를 곁들여 낸다.(4인분)

셀피시 차우더

조개+ • 500g
홍합 • 500g
물 • 1컵(250ml)
드라이 화이트 와인 • 1/2컵(125ml)
월계수 잎 • 1장
타임 가지 • 8개
껍질을 벗겨 곱게 다진 브라운 어니언 • 2개
곱게 다진 베이컨 • 4장
껍질을 벗겨 곱게 다진 감자 • 2개
크림(액상 타입) • 2컵(500ml)
알을 떼어낸 관자 • 8개
씨 솔트과 막 갈아놓은 후추

조개, 홍합, 물, 와인, 월계수 잎, 타임을 큰 냄비에 담는다. 뚜껑을 닫고 가끔씩 흔들어 주며 중불에서 5분 정도 삶는다. 조개와 홍합을 냄비에서 꺼내 입을 벌리지 않은 것들은 골라내 버린다. 조개 몇 개와 홍합 몇 개는 세팅을 위해 껍질째 남겨 둔다. 나머지는 살만 발라내고 껍질은 버린다.
국물은 체에 걸러 한쪽에 둔다.
어니언과 베이컨을 냄비에 넣고 어니언이 투명해질 때까지 중불에서 볶는다. 여기에 다진 감자, 체에 걸러 둔 국물, 크림을 넣는다. 뚜껑을 닫고 중불에서 10분간, 혹은 감자가 부드러워질 때까지 자작하게 끓인다. 관자를 넣고 2분간 더 끓인 후 조갯살과 홍합살을 넣고, 소금과 후추로 간을 한다. 1분, 혹은 재료가 모두 충분히 덥혀질 때까지 끓인다. 깊지 않은 볼에 담고 껍질째 남겨 두었던 조개와 홍합을 위에 올려낸다.(4인분)
+ 준비 과정에서 조개와 홍합을 찬 물에 20분간 담가서 해감 해두었다 물기를 빼서 사용한다.

셀피시차우더

레드 와인 비니거 드레싱을 곁들인 오리 콩피

씨 솔트 플레이크 • 1/4컵
다진 마늘 • 2쪽
3cm 크기 정도로 다진 생강
으깬 주니퍼베리 • 1티스푼
오리 메릴랜드 • 300g짜리 4쪽
오리 기름, 혹은 식물성 식용유 • 1L(4컵)
로켓(아루굴라) 잎 • 70g
레디치오 잎 • 70g

레드 와인 비니거 드레싱

레드 와인 비니거 • 2테이블스푼
올리브오일 • 1테이블스푼
브라운슈거 • 2테이블스푼

레드 와인 비니거, 올리브오일, 설탕을 작은 볼에 넣고 잘 섞이도록 저어 레드 와인 비니거 드레싱을 만들어 한쪽에 둔다.
소금, 다진 마늘, 다진 생강, 주니퍼베리(산딸기류 열매)를 손절구에 넣고 빻아 매끄러운 페이스트로 만들어 소금 믹스를 만들어 한쪽에 둔다. 오리고기를 베이킹트레이에 놓고, 소금 믹스를 껍질과 살에 잘 발라준다. 잘 싸서 냉장고에서 2시간 정도 숙성시킨다.
오븐을 섭씨 160도(화씨 320도)로 예열한다. 찬물로 오리고기에 발려있는 소금 믹스를 헹군 다음, 페이퍼타월로 물기를 제거한다. 큰 오븐 용 접시에 오일을 붓는다. 온도계로 쟀을 때 오일의 온도가 섭씨 120도(화씨 250도) 정도 될 때까지 약한 불로 가열한다. 오일에 오리고기를 넣고 뚜껑을 덮는다. 오븐에 넣고 2시간, 혹은 오리고기가 부드러워질 때까지 굽는다. 오리를 오일에서 꺼내 와이어 렉에서 식힌다. 논스틱 프라이팬을 센불로 달군다. 오리 껍질이 붙은 면이 프라이팬에 닿게 해서 3~4분, 혹은 껍질이 바삭해질 때까지 굽고, 뒤집어서 2분간 더 굽는다. 로켓 잎과 레디치오에 드레싱 반 분량을 넣어 뒤적여준 뒤 접시 4개에 나누어 담는다. 그 위에 오리고기를 얹고 나머지 드레싱을 스푼으로 떠서 뿌리고 낸다.(4인분)

로즈마리 렘 숄더

로즈마리 가지 • 8개
다진 마늘 • 2쪽
씨 솔트 플레이크
올리브오일 • 1/4컵(60ml)
뼈가 붙어 있는 렘 숄더 • 1.6kg

오븐을 섭씨 200도(화씨 390도)로 예열한다. 로즈마리 가지 4개에서 잎을 떼어낸 뒤 손절구에 다진 마늘과 소금을 함께 넣고 살짝 빻는다. 오일을 더하고 잘 섞일 때까지 더 빻아준다. 로즈마리오일 약간을 렘 숄더에 바르고 나머지 로즈마리 가지를 렘에 올린 뒤 조리 용 노끈을 사용해 잘 묶어 준다. 베이킹 접시 위에 렉을 놓고 렘을 올려, 30분간 굽는다. 오븐 온도를 섭씨 160도(화씨 320도)로 낮춘다. 렘을 지방이 많은 쪽으로 뒤집어 준 뒤 1시간 더 굽는다. 한 번 더 뒤집어 1시간, 혹은 고기가 뼈에서 쉽게 분리될 때까지 굽는다. 나머지 로즈마리오일을 곁들여 낸다.(4~6인분)

세이지 포크 벨리

쪽으로 갈라놓은 통마늘 • 2통
올리브오일 • 1/4컵(60ml)
포크 벨리 • 2.3kg
씨 솔트 플레이크 • 1/3컵
세이지 • 4단

오븐을 섭씨 160도(화씨 320도)로 예열한다. 베이킹 접시 바닥에 마늘을 깔아준다. 올리브오일을 포크 벨리(돼지 옆구리 살, 혹은 삼겹살)에 고루 발라준 뒤 소금을 껍질에 바른다. 포크 벨리 껍질 쪽이 아래쪽으로 가도록 마늘 위에 올린 뒤 3시간가량 굽는다. 오븐 온도를 섭씨 180도(화씨 355도)로 올린다. 포크를 뒤집은 뒤 세이지를 더하고 30분, 혹은 껍질이 황금색을 띠고 바삭하게 될 때까지 더 굽는다.(4~6인분)

콩피는 고기를
오래 보관하기 위해 개발된,
고기 자체의 기름으로 조리하는 방법인데
오리에 적용되면 거의
마법이라고 할 수 있다.

레드 와인 비니거 드레싱을 곁들인 오리 콩피

로즈마리 렘 숄더

세이지 포크 벨리

머스터드 로스트 비프

겨자 씨 • 2티스푼
씨 솔트 플레이크 • 1티스푼
막 갈아놓은 후추 • 1티스푼
타임 잎 • 1테이블스푼
올리브오일 • 1/4컵(60ml)
여분의 올리브오일 • 1테이블스푼
비프 립아이 • 1.5kg

오븐을 섭씨 120도(화씨 250도)로 예열한다. 겨자 씨, 소금과 후추, 타임을 손절구에 넣어 살짝 빻는다. 오일을 더하고 잘 섞일 때까지 더 빻아 머스터드 믹스를 만들어 한쪽에 둔다.
여분의 올리브오일을 비프 립아이에 바른다. 논스틱 프라이팬을 센불로 가열한 뒤 비프의 각 면을 1~2분씩, 혹은 갈색이 될 때까지 구운 후, 팬에서 꺼낸다. 조리 용 노끈으로 단단히 묶어 준 뒤 머스터드 믹스를 비프에 바른다. 베이킹 접시에 렉을 넣고 비프를 올린 뒤 1시간 30분 구워 미디움레어를 만든다. 10분 정도 식힌 다음에 낸다.(4~6인분)

블랙 에일 슬로우 로스트 송아지 고기

송아지 오소부코 • 200g짜리 6장
다목적 용 밀가루 약간
올리브오일 • 2테이블스푼
껍질을 까서 두껍게 썬 브라운 어니언 • 2개
블랙 에일 • 2컵(500ml)
비프 스톡 • 2컵(500ml)
물 • 1컵(250ml)
월계수 잎 • 3장
토마토 페이스트 • 2테이블스푼
정제설탕(캐스터슈거) • 1테이블스푼
곁들여 낼 매시 포테이토 약간

오븐을 섭씨 180도(화씨 355도)로 예열한다. 송아지고기에 밀가루를 살살 뿌리고 여분은 털어낸다. 속이 깊고 바닥이 두꺼운 프라이팬을 센불에 가열한다. 올리브오일과 송아지고기를 넣고 한 면당 3~4분, 혹은 갈색이 될 때까지 굽는다. 팬에서 꺼내 한쪽에 둔다. 불을 약하게 낮추고 브라운 어니언을 넣은 뒤 5~6분, 혹은 부드럽고 황금색이 돌 때까지 볶는다. 불을 다시 세게 올리고 팬 바닥을 주걱으로 긁어가며 에일을 조금씩 더한다. 3~4분, 혹은 국물이 반 정도로 줄 때까지 졸인다. 비프 스톡, 물, 월계수 잎, 토마토 페이스트, 설탕을 넣고 잘 저어준다. 송아지고기를 팬에 다시 넣고 뚜껑을 꼭 닫아 오븐에 넣어 1시간 30분, 혹은 송아지고기가 뼈에서 흘러내릴 정도가 될 때까지 굽는다. 매시 포테이토를 곁들여 낸다.(4인분)

머스터드 로스트 비프

블랙 에일 슬로우 로스트 송아지 고기

갈릭 로제 렘

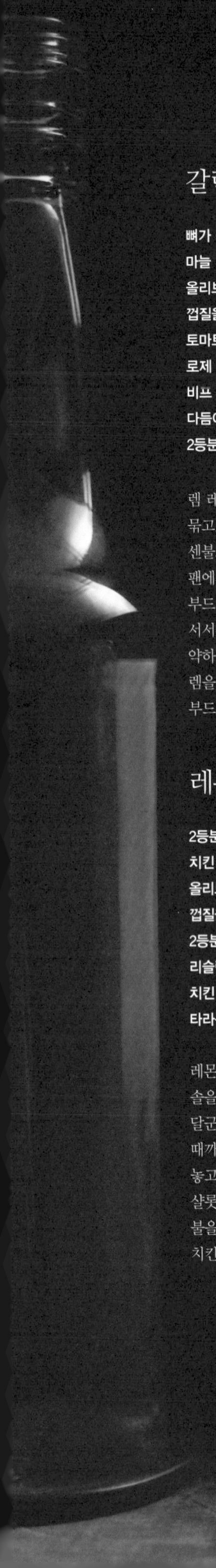

갈릭 로제 렘

뼈가 붙어있는 렘 레그 • 1.2kg
마늘 • 10쪽
올리브오일 • 1테이블스푼
껍질을 벗겨 잘게 썬 브라운 어니언 • 1개
토마토 페이스트 • 2티스푼
로제 와인 • 2컵(500ml)
비프 스톡 • 2컵(500ml)
다듬어 껍질을 벗긴 어린 당근 • 14개
2등분 한 어린 감자 • 15개

렘 레그의 살을 벌려 마늘을 중앙에 넣은 뒤 레그를 다시 조리용 노끈으로 묶고, 렘에 올리브오일을 발라준다. 속이 깊고 바닥이 두꺼운 프라이팬을 센불로 가열한다. 렘을 한 면당 5분, 혹은 진한 갈색이 될 때까지 구운 다음, 팬에서 꺼내 한쪽에 둔다. 램을 꺼낸 팬에 어니언을 넣은 뒤 5분, 혹은 부드러워질 때까지 볶는다. 토마토 페이스트를 넣고 저어가며 로제 와인을 서서히 더한다. 스톡도 서서히 더해 잘 섞으면서 끓인다. 팔팔 끓으면 불을 약하게 낮추고 렘을 팬에 다시 넣는다. 뚜껑을 덮고 1시간 자작하게 졸인다. 렘을 뒤집고 30분간 더 졸인다. 당근과 감자를 더하고 30분, 혹은 감자가 부드러워질 때까지 졸인다.(4인분)

레몬 갈릭 치킨

2등분 한 레몬 • 1개
치킨 • 1마리(1.2kg)
올리브오일 • 2테이블스푼
껍질을 깐 샬롯 • 12개
2등분 한 마늘 • 1통
리슬링 와인 • 2컵(500ml)
치킨 스톡 • 1컵(250ml)
타라곤 잎 • 2테이블스푼

레몬을 치킨의 내부에 넣고 조리 용 노끈을 사용해 치킨의 다리를 묶어 준다. 솔을 이용해 치킨에 올리브오일을 발라준다. 바닥이 두꺼운 냄비를 중불에 달군다. 나머지 올리브오일과 샬롯, 마늘을 넣고 10분, 혹은 캐러멜라이즈 될 때까지 저으며 볶는다. 팬에서 꺼내 한쪽에 둔다. 치킨의 가슴 쪽이 팬에 닿게 놓고 5분, 혹은 황금색이 될 때까지 굽는다. 뒤집어 5분간 더 굽는다. 마늘과 샬롯을 다시 냄비에 넣고, 와인과 스톡을 더한 뒤 섞어 끓인다. 팔팔 끓으면 불을 줄이고 뚜껑을 닫은 뒤 30분간 자작하게 끓인다. 뚜껑을 열고 30분, 혹은 치킨이 다 익을 때까지 더 졸인다. 타라곤을 섞어 낸다.(4인분)

캐러멜라이즈 애플을 곁들인 오리 메릴랜드

2등분 한 레드 애플 • 3개
칼라바도스(애플 브랜디) • 1/4컵(60ml)
브라운슈거 • 1/4컵(45g)
세이지 잎 • 1/4컵
올리브오일 • 1테이블스푼
오리 메릴랜드 • 300g짜리 4장
씨 솔트과 막 갈아놓은 후추
치킨 스톡 • 1/2컵(125ml)

레드 애플, 칼라바도스, 브라운슈거, 세이지를 볼에 담고 뒤적여 섞어, 한쪽에 둔다. 큰 오븐 용 논스틱 프라이팬을 센불에 가열한다. 올리브오일을 넣고 오리의 껍질 쪽이 팬에 닿게 넣는다. 소금과 후추를 뿌리고 2~3분, 혹은 황금색을 띨 때까지 굽는다. 레드 애플의 단면을 아래로 가게 해서 팬에 넣고 1분간 더 조리한다. 스톡을 넣고 팔팔 끓을 때까지 가열한다. 팬을 오븐에 넣고 25~30분, 혹은 오리와 레드 애플이 부드러워지고 소스가 끈적해질 때까지 굽는다.(4인분)

사이다 로스트 포크 숄더

어린 포크 숄더+ • 1.8kg
씨 솔트
올리브오일 • 2테이블스푼
껍질을 벗겨 2등분 한 레드어니언 • 6개
애플주스 • 1컵(250ml)
드라이 사이다(알콜이 포함된) • 3컵(750ml)
브라운슈거 • 1/3컵(75g)
생 월계수 잎 • 4장
타임 가지 • 4개

오븐을 섭씨 220도(화씨 425도)로 예열한다. 날카로운 칼로 포크 숄더 껍질에 칼집을 넣고 소금으로 문지른다. 올리브오일과 레드 어니언을 속이 깊은 베이킹 접시에 넣고 포크를 얹은 뒤 30분간 굽는다.
애플주스, 사이다, 브라운슈거를 볼에 넣고 잘 섞이도록 저어 애플 믹스를 만든다. 애플 믹스를 넣고 월계수 잎과 타임 가지를 포크에 더한 뒤 알루미늄포일로 덮는다. 오븐 온도를 섭씨 180도(화씨 355도)로 낮추고 2시간가량 더 굽는다. 포일을 걷어내고 오븐의 온도를 섭씨 200도(화씨 425도)로 다시 높이고 30분, 혹은 포크의 껍질이 황금색을 띠고 바삭해질 때까지 구운 다음, 포크를 꺼내 한쪽에 둔다. 베이킹 접시를 중불로 달구고 국물이 끓기 시작하면 10분, 혹은 국물이 걸쭉한 시럽상태가 될 때까지 졸인다. 포크와 함께 낸다.(4인분)

+ 어린 포크 대신 보통 포크 숄더 1.8kg를 사용해도 무방하다.

레몬 갈릭 치킨

캐러멜라이즈 애플을 곁들인 오리 메릴랜드

사이다 로스트 포크 숄더

세이버리

기본 베이크 커스터드
윈터 페어 트리플
크림 캐러멜
브라운슈거 브레드와 버터 푸딩
크림브륄레
루바브 블랙 커런트 프리폼 파이
라즈베리 코코넛 크럼블
포치 루바브
루바브 덤플링
서양 배 아몬드 타르트
서양 배 에스프레소 파나코타
라즈베리 초콜릿 스쿼시
슈거 시나몬 프리터
캐러멜 덤플링
애플 데이트 스트루들
루바브 헤이즐넛 케이크

기본 베이크 커스터드

윈터 페어 트리플

기본 베이크 커스터드

우유 • 1컵(250ml)
크림(액상 타입) • 1컵(250ml)
달걀 • 2개
여분의 달걀노른자 • 2개
정제설탕(캐스터슈거) • 1/2컵(110g)
바닐라추출액 • 1 1/2티스푼
강판에 곱게 간 생 넛멕 약간

오븐을 섭씨 160도(화씨 320도)로 예열한다. 냄비에 우유와 크림을 넣고 중불에서 데운다. 달걀, 여분의 노른자, 설탕, 바닐라를 우유에 섞어 달걀 믹스를 만든다. 1L 용량(4컵) 오븐 용 접시에 오일을 바른 뒤 달걀 믹스를 체에 거르고 넛멕(육두구)을 뿌린다. 접시를 베이킹트레이에 얹고 접시의 반 높이까지 차도록 뜨거운 물을 트레이에 붓는다. 1시간, 혹은 커스터드가 다 굳을 때까지 굽는다. 따뜻하게 혹은 차갑게 낸다.(4인분)

윈터 페어 트리플

물 • 2컵(500ml)
시나몬스틱 • 1개
배주스, 혹은 넥타 • 1컵(250ml)
설탕 • 1컵(220g)
껍질을 벗겨 심을 파내 2등분 한 서양 배 • 3개
젤라틴 파우더 • 1테이블스푼
6장으로 자른 시판 용 스폰지 케이크 • 1개
마살라+ • 1/2컵(125ml)
시판 용 커스터드 • 2 1/3컵(580ml)

물, 시나몬스틱, 배주스, 설탕을 냄비에 넣고 설탕이 다 녹을 때까지 저어가며 중불로 가열한다. 서양 배를 넣고 4~5분, 혹은 부드러워질 때까지 자작하게 끓인다. 배를 꺼내 한쪽에 둔다. 1/4컵(60ml)의 배 국물을 볼에 넣고 젤라틴 파우더를 뿌린 뒤 5분간 두고 젤라틴 믹스를 만든다. 나머지 배 국물을 5분간 더 졸여 2 1/4컵(625ml) 정도가 되게 만든다. 젤라틴 믹스를 넣고 잘 저어가며 2분, 혹은 다 녹을 때까지 자작하게 끓인다. 시나몬스틱을 건져 내고 살짝 오일을 바른 가로세로 20cm×20cm 크기의 정방형 케이크 틀에 붓는다. 냉장고에 2시간, 혹은 젤라틴이 굳을 때까지 둔다.
스폰지 케이크 슬라이스를 접시에 깔고 마살라를 살살 붓는다. 젤리를 잘라 케이크 위에 올리고 서양 배 반쪽을 올린다. 커스터드 한 스푼을 마지막에 얹어 낸다.(6인분)

+ 마살라는 시실리 산 강화 와인이다. 스위트 셰리나 머스캣, 혹은 토카이를 사용해도 무방하다.

크림 캐러멜

기본 베이크 커스터드 • 1분량(왼쪽의 레시피 참조)
여분의 달걀노른자 • 2개
설탕 • 2/3컵(150g)
물 • 1/3컵(80ml)

오븐을 섭씨 160도(화씨 320도)로 예열한다. (넛멕을 뺀) 기본 커스터드 믹스를 만든 뒤 여분의 달걀노른자를 잘 섞은 뒤 한쪽에 둔다.
설탕과 물을 냄비에 넣고 설탕이 다 녹을 때까지 저어 주면서 약불로 가열한다. 냄비 안쪽 벽에 붙은 설탕을 제거하기 위해 물에 담갔던 붓으로 쓸어내린다. 불을 세게 하고 8~10분, 혹은 시럽이 진한 황금색이 될 때까지 끓인다. 불에서 내려 3/4컵 용량(185ml) 라미킨 4개에 나눠 바닥에 깔아 넣는다.(여분이 조금 생길 것이다.) 5분쯤 한쪽에 두어 시럽이 굳게 한다.
커스터드 믹스를 라미킨에 나누어 붓는다. 베이킹트레이에 놓고 라미킨의 반 높이 정도까지 차도록 뜨거운 물을 트레이에 붓는다. 35분, 혹은 커스터드가 굳을 때까지 굽는다. 오븐에서 꺼내 차가워질 때까지 냉장한다.
서브하기 바로 전에 라미킨 바닥을 뜨거운 물에 10초간 담근 뒤 뒤집어서 접시에 꺼낸다. 곧바로 낸다.(4인분)

브라운슈거 브레드와 버터 푸딩

껍질을 잘라내고 한 면에 버터를 바른 식빵 • 10쪽
건포도(선택사항) • 2테이블스푼
우유 • 3컵(750ml)
달걀 • 3개
바닐라추출액 • 1티스푼
브라운슈거 • 1/2컵(90g)
데메라라슈거+, 혹은 조제 설탕 • 1테이블스푼

오븐을 섭씨 160도(화씨 320도)로 예열한다. 빵을 샌드위치로 만들어 4등분한다. 1L 용량(4컵) 오븐 용 접시에 오일을 바르고 빵을 약간씩 겹치게 담는다. 건포도가 있으면 이때 뿌려준다.
우유, 달걀, 바닐라 추출액, 브라운슈거를 볼에 넣고 휘저어 준다. 빵 위에 부은 뒤 3분가량 둔다. 데메라라슈거를 흩뿌리고 접시를 베이킹트레이 위에 놓는다. 뜨거운 물을 접시의 반 높이 가량까지 차도록 트레이에 붓는다.
55분, 혹은 푸딩이 굳을 때까지 굽는다.
5분간 두었다가 따뜻할 때 낸다.(6인분)

+ 데메라라슈거는 한국에서도 구입할 수 있다.

크림 캐러멜

브라운슈거 브레드와 버터 푸딩

크림브륄레

크림브륄레

크림(액상 타입) • 1L(4컵)
반으로 갈라 씨를 긁어 놓은 바닐라 빈 • 1줄기
달걀노른자 • 8개
정제설탕(캐스터슈거) • 1/2컵(110g)
설탕 • 1/4컵(55g)

오븐을 십씨 160도(화씨 320도)로 예열한다. 크림, 바닐라 빈, 그리고 긁어 놓은 바닐라 빈 씨를 냄비에 넣고 약한 불에서 가열한다. 3분간 자작하게 끓인 뒤 20분간 한쪽에 두어 바닐라 향이 잘 스며들게 한다.
크림을 다시 약한 불에 올리고 달걀노른자와 정제설탕을 더해 6~8분, 혹은 커스터드가 스푼의 뒷면에 엉겨 붙을 때까지 저어준다. 바닐라 빈을 건져내고 커스터드를 3/4컵 용량(185ml) 라미킨 6개에 나누어 부어 준다. 베이킹트레이에 놓고 라미킨의 반 높이 정도까지 차도록 뜨거운 물을 트레이에 붓는다. 35~40분, 혹은 커스터드가 굳을 때까지 굽는다. 베이킹 접시에서 꺼내 냉장고에서 1시간, 혹은 차가워질 때까지 둔다.
서브하기 바로 전에 라미킨을 다시 베이킹트레이에 놓고 설탕을 흩뿌리고, 2분 동안 그대로 둔다. 얼음조각들을 라미킨 주변에 놓고 트레이를 뜨겁게 예열된 그릴(브로일러)에 넣는다. 2~3분, 혹은 설탕이 녹고 황금색을 띨 때까지 굽는다. 대체 방법이 있는데, 큰 금속 스푼을 매우 뜨겁게 불에 달궈(손은 방열 글러브나 타월로 보호하고) 설탕을 녹여 캐러멜라이즈한다. 이 방법은 즉각적인 효과가 있다.(6인분)

루바브와 베리에서
느껴지는 왠지 모를
흙의 향기는 정겨운 모양의
프리폼 파이를 만든다.

루바브 블랙 커런트 프리폼 파이

다듬어 썬 루바브 • 400g
블랙 커런트 • 1/3컵
정제설탕(캐스터슈거) • 1컵(220g)
옥수수전분 • 2테이블스푼
해동시킨 시판 스위트 파이 크러스 페이스트리 • 200g짜리 4장
푼 달걀 • 1개
여분의 정제설탕(캐스터슈거) • 1테이블스푼

오븐을 섭씨 200도(화씨 390도)로 예열한다. 루바브, 블랙 커런트, 설탕, 옥수수전분을 볼에 넣고 뒤적여 섞는다. 지름 19cm의 쿠키 커터를 사용해 페이스트리 1장마다 동그라미 하나씩을 찍어낸다. 손을 사용해 루바브 믹스를 동그라미 페이스트리에 고르게 나누어 얹고, 페이스트리 가장자리를 접어가며 위를 조금 오픈한 만두 모양으로 만든다. 페이스트리에 달걀물을 바르고 여분의 설탕을 흩뿌려준다. 15~20분, 혹은 페이스트리가 황금색이 될 때까지 굽는다.(4개)

라즈베리 코코넛 크럼블

녹인 버터 • 100g
정제설탕(캐스터슈거) • 1/3컵(55g)
체에 거른 다목적 용 밀가루 • 1컵(150g)
베이킹파우더 • 1/2티스푼
간 코코넛 • 1/2컵(40g)
우유 • 1/4컵(60ml)
라즈베리 잼 • 1/2컵(160g)

코코넛 토핑

달걀흰자 • 1개
정제설탕(캐스터슈거) • 2테이블스푼
코코넛 플레이크 • 1컵(50g)

오븐을 섭씨 180도(화씨 355도)로 예열한다. 달걀흰자, 설탕, 코코넛 플레이크를 작은 볼에 담고 잘 섞어 코코넛 토핑을 만들어 한쪽에 둔다.
버터, 설탕, 밀가루, 베이킹파우더, 코코넛, 우유를 볼에 담고 잘 섞는다. 살짝 오일을 바른 컵 용량(185ml) 미니빵 틀 6개에 베이킹페이퍼를 깔고 반죽을 나누어 담는다. 믹스를 틀에 꽉꽉 담고 10~15분, 혹은 표면이 황금색이 될 때까지 구운 다음 식힌다.
빵 위에 라즈베리 잼을 한 스푼씩 바르고 코코넛 토핑을 올린다. 5~7분, 혹은 코코넛이 황금색을 띨 때까지 굽는다. 서브하기 전 틀에서 크럼블이 식도록 둔다.(6개)

루바브 블랙 커런트 프리폼 파이

라즈베리 코코넛 크럼블

포치 루바브

포치 루바브

다듬어 10cm 길이로 자른 루바브 • 250g
오렌지주스 • 1/4컵(60ml)
반으로 갈라 씨를 긁어낸 바닐라 빈 • 1줄기
시나몬스틱 • 1개
정제설탕(캐스터슈거) • 1/2컵(110g)
내추럴 요거트 • 1컵(280g)

오븐을 섭씨 180도(화씨 355도)로 예열한다. 루바브, 오렌지주스, 바닐라 빈과 씨, 시나몬, 설탕을 가로세로 21cm×31cm 크기의 직사각형 베이킹트레이에 넣고 뒤적여 섞는다. 알루미늄포일로 트레이를 덮고 20분, 혹은 루바브가 부드러워질 때까지 굽는다. 요거트, 아이스트림, 헤비크림을 곁들여 낸다.(4인분)

루바브 덤플링

다듬어 채 썬 루바브 • 500g
정제설탕(캐스터슈거) • 2컵(440g)
물 • 2컵(500ml)
체에 거른 다목적 용 밀가루 • 2컵(300g)
여분의 정제설탕(캐스터슈거) • 1/4컵(55g)
베이킹파우더 • 2티스푼
버터 • 150g
우유 • 1/2컵(125ml)
바닐라추출액 • 1티스푼
아이싱 용 슈거 약간

루바브, 설탕, 물을 중간 사이즈 냄비에 담고 센불에서 가열한다. 끓기 시작하면 불을 줄이고 10~15분, 혹은 루바브가 부드러워질 때까지 자작하게 끓인 다음 불에서 내려 한쪽에 둔다.
오븐을 섭씨 180도(화씨 355도)로 예열한다. 밀가루, 여분의 설탕, 베이킹파우더, 버터를 푸드프로세서 볼에 넣고 믹스가 빵가루처럼 될 때까지 돌린다. 우유와 바닐라를 서서히 더하면서 매끄러운 도우가 형성될 때까지 계속 돌린다. 밀가루를 뿌린 도마 위에 도우를 꺼내 놓고 6등분을 한다. 1 1/2컵(375ml) 용량 오븐 용 접시 6개에 루바브 믹스를 나누어 담는다. 그 위에 덤플링을 조심스럽게 올리고 20~25분, 혹은 덤플링을 젓가락으로 찔렀을 때 표면에 묻어나오는 것 없을 때까지 굽는다. 아이싱 용 슈거를 흩뿌려 낸다.(6인분)

루바브 덤플링

서양 배 아몬드 타르트

서양 배 에스프레소 파나코타

서양 배 아몬드 타르트

상온에 둔 버터 • 90g
브라운슈거 • 1/2컵(90g)
달걀 • 2개
아몬드 밀(간 아몬드) • 1컵(120g)
다목적 용 밀가루 • 1/4컵(35g)
베이킹파우더 • 1/4스푼
강판에 곱게 간 레몬껍질 • 2티스푼
껍질을 벗겨 심을 파내 4등분 한 서양 배 • 2개
여분의 브라운슈거 • 1/2컵(90g)
원당 약간
헤비크림 약간

오븐을 섭씨 160도(화씨 320도)로 예열한다. 버터와 설탕을 푸드프로세서 볼에 넣고 막 섞일 정도가 될 때까지만 돌린다. 달걀, 아몬드 밀, 밀가루, 베이킹파우더, 레몬껍질을 더하고 막 어우러질 정도가 될 때까지만 돌린다. 밑이 빠지는 가로세로 9.5cm×33cm 크기의 플루트 타르트 틀에 살짝 오일을 바르고 믹스를 스푼으로 떠 넣는다. 배와 여분의 브라운슈거를 볼에 넣고 뒤적여 섞는다. 배를 타르트 믹스에 박아 넣고 35~45분, 혹은 젓가락으로 찔렀을 때 표면에 묻어 나오는 것 없을 때까지 굽는다. 조제 설탕을 흩뿌리고 틀에서 식힌다. 크림을 곁들여 낸다.(6인분)

지금은 인내심을 발휘할 때가 아니다.
빵 두 조각 사이에서
흘러내리는 초콜릿과
고소한 너트, 거기에 베리의 맛까지.
따뜻하게 덥혀서
빵을 뜯어낸 후, 시작!
남는 게 있을 거란 생각은
착각일 뿐.

서양 배 에스프레소 파나코타

에스프레소 커피 • 1/3컵(80ml)
정제설탕(캐스터슈거) • 1/3컵(75g)
2cm 두께로 2쪽으로 자른 서양 배 • 1개
젤라틴파우더 • 2티스푼
우유 • 2테이블스푼
크림(액상 타입) • 1컵(250ml)
여분의 우유 • 1컵(250ml)
브라운슈거 • 1/3컵(75g)
바닐라추출액 • 1티스푼

커피와 정제설탕을 작은 냄비에 담고 설탕이 다 녹을 때까지 저어주면서 약한 불에서 가열한다. 서양 배를 더하고 10~15분, 혹은 배가 부드러워지고 시럽이 살짝 뻑뻑해질 때까지 조리한다. 1 1/4컵(310ml) 용량 접시 2개에 살짝 오일을 바르고 배를 바닥에 깐 다음, 커피 시럽을 붓고 식힌다.
젤라틴과 우유를 작은 볼에 넣고 잘 섞이도록 저어준 뒤 2~3분, 혹은 젤라틴이 잘 녹을 때까지 둔다. 크림, 여분의 우유, 브라운슈거, 바닐라를 냄비에 담고 중불에서 가열한다. 끓기 시작하면 불에서 내리고 젤라틴을 넣어 잘 섞이도록 휘저어, 한쪽에 두고 식힌다.
크림 믹스를 배와 시럽 위에 붓고 4~6시간 ,혹은 굳을 때까지 냉장한다. 접시에 뒤집어 담아낸다.(2개)

라즈베리 초콜릿 스쿼시

2등분 한 날개로 뜯어지는 흰 빵, 혹은 부드러운 둥근 브레드+ • 1개
초콜릿 헤이즐넛 스프레드 • 1/2컵(165g)
라즈베리 • 1컵
아이싱 용 슈거 약간

빵 한 쪽에 초콜릿 헤이즐넛 스프레드를 발라주고 라즈베리를 올린 뒤 나머지 빵으로 덮는다. 큰 논스틱 프라이팬을 중불에 달군다.++ 낱개로 뜯어지는 빵을 팬에 담고 접시로 눌러준다. 각 면당 1~2분, 혹은 빵이 잘 구워지고 스프레드가 녹을 때까지 굽는다. 아이싱 용 슈거를 체에 걸러 솔솔 뿌려 낸다.(4인분)

\+ 낱개로 뜯어지는 빵은 슈퍼마켓 등에서 쉽게 구할 수 있다.
++ 프라이팬 대신 전기 샌드위치 프레스를 사용해도 무방하다.

라즈베리 초콜릿 스퀴시

슈거 시나몬 프리터

공기는 신선하고 발을 뗄 때마다
바스락거리는 소리가 들린다.
겨울옷을 챙겨 입고 나선
시골풍경이 전혀 낯선
새로운 얼굴로 다가온다.
따끈한 차 한 잔과 함께 즐길
맛있는 것을 손에 들고
집 밖을 나선다.

슈거 시나몬 프리터

정제설탕(캐스터슈거) • 1컵(220g)
시나몬 가루 • 1/2티스푼
달걀 • 1개
우유 • 1/2컵(125ml)
여분의 정제설탕(캐스터슈거) • 1/4컵(55g)
체에 거른 다목적 용 밀가루 • 1컵(150g)
체에 거른 베이킹파우더 • 1/2티스푼
튀김 용 식물성 식용유

설탕과 시나몬을 볼에 넣고 잘 어울리도록 섞어, 한쪽에 둔다.
달걀, 우유, 여분의 설탕을 볼에 넣고 휘저어 잘 섞이도록 한다. 밀가루와 베이킹파우더를 서서히 더해주면서 휘젓는다. 오일을 속이 깊고 큰 냄비에 넣고 중불에서 뜨거워질 때까지 가열한다. 반죽을 티스푼만큼씩 떠서 여러 번에 나누어 2~3분, 혹은 황금색을 띨 때까지 튀긴다. 오일에서 건져 페이퍼에서 기름기를 뺀다. 아직 뜨거울 때 시나몬슈거를 더해 뒤적여 골고루 발라준다.(32개)

캐러멜 덤플링

다목적 용 밀가루 • 2컵(300g)
브라운슈거 • 1/4컵(45g)
베이킹파우더 • 2티스푼
버터 • 150g
우유 • 1/2컵(125ml)
바닐라추출액 • 1티스푼
헤비크림 약간
캐러멜 소스
버터 • 40g
브라운슈거 • 1 1/2컵(265g)
물 • 2 1/2컵(625ml)

오븐을 섭씨 180도(화씨 355도)로 예열한다. 버터, 설탕, 물을 작은 냄비에 담고 중불에 가열해 캐러멜 소스를 만든다.
끓기 시작하면 불에서 내려 한쪽에 둔다.
밀가루, 설탕, 베이킹파우더, 버터를 푸드프로세서에 담고 믹스가 빵가루처럼 될 때까지 돌린다. 모터가 돌아가는 중에 우유와 바닐라를 서서히 더해 주며 매끄러운 도우가 형성될 때까지 더 돌린다. 밀가루를 뿌린 도마 위에 도우를 꺼내서 7등분 한다. 1L(4컵) 용량의 오븐 용 접시에 놓고 캐러멜 소스를 붓는다. 30분, 혹은 덤플링을 젓가락으로 찔렀을 때 표면에 묻어 나오는 것 없을 때까지 굽는다. 크림을 곁들여 낸다.(7인분)

애플 데이트 스트루들

껍질을 벗겨 얇게 저민 (그래니스미스) 그린 애플 • 6개
씨를 빼고 다진 싱싱한 데이트 • 6개
정제설탕(캐스터슈거) • 3/4컵(165g)
바닐라추출액 • 1티스푼
시나몬 • 1/2티스푼
아몬드 밀(간 아몬드) • 1 1/4컵(150g)
시판 용 필로 페이스트리 • 8장
녹인 버터 • 100g
아몬드 플레이크 • 1/2컵(40g)

오븐을 섭씨 180도(화씨 355도)로 예열한다. 그린 애플, 데이트, 설탕, 바닐라, 시나몬, 아몬드 밀을 큰 볼에 넣고 잘 뒤적여 잘 섞어 애플 믹스를 만들어 한쪽에 둔다.
필로 페이스트리 사이에 녹인 버터를 발라가며 차곡차곡 쌓는다.
애플 믹스를 페이스트리 가운데에 길게 세로로 올린다. 가장자리를 접고 굴려서 오므린다. 나머지 버터를 발라주고 아몬드를 흩뿌린다.
베이킹트레이에 논스틱 베이킹페이퍼를 깔고 스트루들을 올린다.
20~25분, 혹은 바삭하고 황금색이 돌 때까지 굽는다.(8인분)

루바브 헤이즐넛 케이크

곱게 다진 루바브 • 250g
커런트 • 1/3컵(55g)
브라운슈거 • 1/3컵(60g)
바닐라추출액 • 1티스푼
녹인 버터 • 100g
정제설탕(캐스터슈거) • 1/3컵(75g)
다목적 용 밀가루 • 1컵(150g)
베이킹파우더 • 1/2티스푼
헤이즐넛 밀(간 헤이즐넛) • 1/2컵(50g)
우유 • 1/4컵(60ml)
아이싱 용 슈거 약간
크림(액상 타입) 약간

오븐을 섭씨 180도(화씨 355도)로 예열한다. 루바브, 커런트, 브라운슈거, 바닐라를 볼에 담고 잘 섞어 루바브 믹스를 만들어 한쪽에 둔다.
버터, 설탕, 밀가루, 베이킹파우더, 헤이즐넛 밀, 우유를 볼에 담고 섞는다.
케이크 믹스의 반 분량을 바닥이 분리되는 지름 22cm짜리 틀 바닥에 눌러 담고 루바브 믹스를 올린다. 나머지 케이크 믹스를 그 위에 담고 40~45분, 혹은 젓가락으로 찔러봤을 때 표면에 묻어 나오는 것 없을 때까지 굽는다.
아이싱 용 슈거를 체에 걸러 흩뿌려 낸다.(8~10인분)

캐러멜 덤플링

애플 데이트 스트루들

루바브 헤이즐넛 케이크

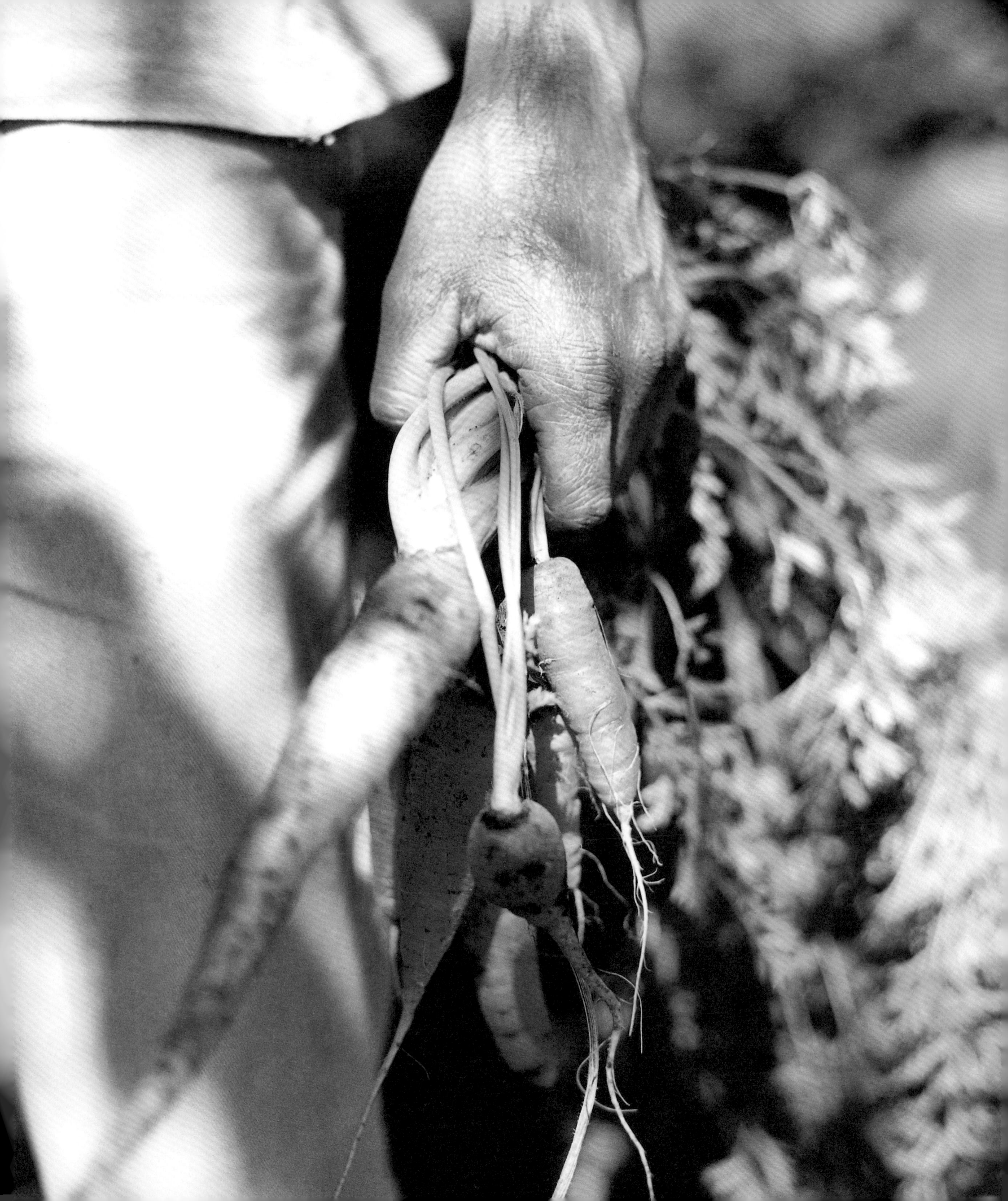

Glossary

가오기

중국이 원산지이고 동글납작한 만두피이다. 막 만든 것, 혹은 냉동제품을 구할 수 있다. 찌거나 튀길 수 있다. 고기나 야채 소를 채워 넣어 덤플링을 만들 수 있다. 바삭한 스낵으로 먹을 수도 있다. 튀겨서 슈거를 흩뿌리면 후식이 된다.

굴 소스

짙은 브라운의 걸쭉한 소스이다. 아시아 풍의 볶음 요리, 스프, 핫팟 등에 두루 쓰인다. 오이스터 소스는 오이스터를 소금물에 넣고 향신료를 더해서 걸쭉하게 캐러멜라이즈 될 때까지 졸여서 만들기 때문에 풍미가 가득 농축되어 있다.

기

버터에 열을 가해 맑은 액체와 밀크 입자를 분리시켜 만든 인도식 정화 버터이다. 발열점이 높아 조리할 때 사용하기 좋도록 만들었다.

노리(김)

비타민이 가득한, 납작하게 종잇장처럼 말린 해초이다. 일본식 요리에 두루 사용된다. 스시를 싸는 용도로도 쓰인다. 슈퍼마켓 등에서 뭉치로 구할 수 있다.

누들

파스타와 마찬가지로 말린 누들을 상시 보관하고 있으면 언제든지 즉석요리를 만들어 낼 수 있다. 프레시 누들은 냉장고에서 일주일간 보관가능하다.

빈 뜨레드 누들(녹두면) 녹두 버미첼리, 셀로판, 혹은 글래스 누들이라고도 불린다. 이 누들은 면발이 매우 가늘고 거의 투명하게 보인다. 끓는 물에 담갔다가 물기를 빼고 사용한다.

중국 밀면 말리거나 생면 상태로 시판된다. 굵기도 다양하다. 생면도 끓는 물에 불리거나 삶아서 사용한다. 말린 누들은 사용하기 전에 반드시 삶아야 한다. 볶음요리에 사용하면 좋다.

프레시 라이스 누들 다양한 굵기가 있다. 얇은 것, 두꺼운 것, 혹은 동글납작하게 얇게 민 형태로 시판된다. 그날 만든 것을 사용하는 것이 최선이지만 적어도 만든 지 며칠 이내에 사용해야 한다. 뜨거운 물에 1분간 담갔다가 물기를 제거한 뒤 사용한다.

드라이 라이스 스틱 동남아식 요리, 특히 샐러드에 두루 사용되는 얇게 말린 누들이다. 굵기에 따라 잠깐 삶거나 뜨거운 물에 잠깐 담가서 유연하게 만들어 사용한다.

달걀

이 책의 레시피에서는 달걀의 기준 사이즈를 60g으로 본다. 정확한 사이즈의 달걀을 사용하는 것이 중요하다. 그렇지 않을 경우 구워낸 빵, 케이크, 과자 등의 질에 영향을 미칠 수 있기 때문이다. 머랭을 만들 때 달걀흰자의 부피는 특히 중요하다. 베이킹할 때는 달걀을 상온에 두었다가 사용해야 한다. 잊지 말고 항상 조리를 시작하기 30분 전에 냉장고에서 꺼내 놓는다.

데치기

채소와 같은 재료의 식감을 살짝 부드럽게 하고, 색감을 높이고 풍미를 짙게 하는 데 사용되는 조리법. 식재료를 소금을 가미하지 않고 끓는 물에 잠깐 담갔다가 꺼내 찬물에 다시 넣었다 물기를 제거한다.

두부

두부는 단백질이 풍부한 음식으로 아시아 요리에 두루 사용된다. 메주콩물을 응고시킨 뒤 눌러서 덩어리로 만든다. 수분 함량에 따라 여러 종류로 나뉜다. 비단두부가 가장 부드러운데, 커스터드와 같은 식감을 지닌다. 순두부는 약간 단단하고 날고기와 같은 식감이다. 단단한 두부는 다소 단단한 치즈와 비슷한 식감이고 썰 때 그런 느낌이 더 난다. 튀긴 두부 또한 시판되고 있다.

라미킨

작은 오븐 용 그릇이다. 보통 도자기로 만들며 수플레, 크림브륄레, 혹은 프룻 크럼블 등의 디저트를 조리하고 서브하는데 사용된다.

레드 커리 페이스트

병에 담긴 양질의 페이스트를 아시아 식품점이나 슈퍼마켓에서 고른다. 새로운 상품을 사용할 때는 조금씩 넣어서 얼마나 매운지 가늠해 보는 게 좋다. 브랜드에 따라 매운 정도에 차이가 많이 나기 때문이다. 레드 페이스트는 보통 많이 맵지는 않다.

레몬 프리저브

소금으로 레몬을 박박 문지른 뒤 병에 차곡차곡 넣고 레몬주스를 채운다. 4주정도 숙성시킨 다음 속을 파내고 물에 헹군 뒤 껍질을 잘게 썰어 놓고 요리에 사용한다. 식품전문점에서 시판 용을 구할 수도 있다.

레몬그라스

키가 큰 레몬향이 나는 풀이다. 아시아 요리, 특별히 태국 요리에 주로 사용된다. 겉잎사귀를 벗겨내고 뿌리 쪽을 곱게 썰어 사용하거나 크게 썰어서 조리할 때 넣었다가 내기 전에 바로 꺼낸다. 아시아 식료품점이나 채소가게에서 구할 수 있다.

로즈워터

장미 잎 추출물이다. 인도, 중동, 터키 식탁에 없어서는 안 될 향신료이다. 터키시 딜라이트 특유의 향이 로즈워터의 향이다.(룩쿰)

로켓(아루굴라)

매콤, 새콤, 씁쌀한 맛이 나는 잎채소이다. 지중해 요리에 다양하게 사용된다. 서양 배와 파르메산치즈를 곁들인 클래식 이탈리아 샐러드, 그리고 갈아서 페스토를 만들어 브루스케타 위에 바르거나 스프에 넣기도 하고 딥으로도 사용한다.

마살라

서 시칠리아에 위치한 도시와 동일한 이름을 가진 달콤한 강화 와인이다. 반주로도 사용하고, 이탈리안 디저트에 조리 용으로도 사용한다.

머스터드 씨

처닙, 혹은 양배추와 같은 배추속 채소의 씨로서 자극성 강한 맛을 지닌다. 검정이나 흰색 씨가 모두 통째로 인도 요리에 쓰인다. 혹은 갈아서 양념을 만들어 그릴이나 로스트된 고기와 함께 낸다.

메이플 시럽

메이플 나무에서 나는 수액으로 만든다. 주로 캐나다에서 생산된다. 팬케이크 시럽을 사용하지 말고 퓨어 메이플 시럽을 사용하도록 한다. 팬케이크 시럽에는 콘 시럽이 섞여있어서 진짜 메이플 시럽이 가진 풍미가 없다.

미소 페이스트(미소된장)

일본의 전통적인 식재료이다. 쌀, 보리, 혹은 메주콩을 소금과 곰팡이를 섞어 걸쭉한 페이스트로 만든 뒤 발효시켜 만든다. 소스나 스프레드로 또는 야채나 고기를 절일 때 사용한다. 다시 스프에 섞어 미소 스프를 만든다. 흰 색, 붉은 색(갈색에 가깝다) 혹은 검은 색을 띤다. 흰 미소가 가장 달콤하다. 슈퍼마켓이나 아시아 식료품점에서 구할 수 있다.

밀가루

곡식을 갈아 만든다. 빵, 케이크, 비스킷, 페이스트리, 피자, 파이 껍질 등 다른 제빵 제품의 주재료다.

옥수수전분 옥수수를 갈아 만든 옥수수전분은 글루텐을 함유하지 않는다. 주로 물이나 스톡에 섞어 걸쭉하게 만드는 데 사용한다. 미국에서 토르티야를 만들 때 쓰는 곱게 빻은 콘 밀과 혼동하지 않도록 한다.

다목적 용 밀가루 밀의 배유 부분을 빻아서 만든다. 보통 흰 밀가루에는 부풀리는 성분이 들어있지 않다.

베이킹파우더가 든 밀가루 밀의 배유 부분을 빻아서 만든다. 탄산나트륨, 인산칼슘 같은 부풀리는 성분이 함유되어 있다. 보통 밀가루 250g당 2티스푼의 베이킹파우더를 섞어 직접 만들 수도 있다.

바닐라 빈

바닐라 열매를 말린 것으로 통째로 사용하기도 하지만, 보통은 반으로 갈라 깍지 속에 든 아주 작은 씨들을 발라내어 반죽에 넣거나 커스터드, 혹은 크림 레시피에 사용한다. 구할 수 없을 때는 바닐라 빈 1줄기를 1티스푼 분량의 바닐라 추출액(색이 짙고 걸쭉한 액체로, 에센스와는 다름)으로 대체한다.

바닐라추출액

순수한 바닐라 맛을 내려면 양질의 바닐라 추출액을 사용한다. 색이 짙고 걸쭉한 액체인데 보통은 씨가 들어 있다. 에센스나 바닐라 향 대용품을 사용하지 않도록 한다. 바닐라 빈을 반으로 갈라 씨를 긁어내 사용한다.

버섯

버튼(양송이) 부드럽고 작은 버섯 종류로 머리와 대 사이에 공간이 없이 딱 달라붙은 형태이다. 흔히 시판되는 어린 들사리 버섯이다. 색은 희고 향은 강하지 않다. 날것을 샐러드에 넣어 먹기도 하지만, 스튜, 볶음, 혹은 파스타 소스 등에 넣어 익혔을 때 더 맛이 좋아진다.

이노키(팽이) 일본산 버섯이다. 희고 대가 길며 대 끝에 꽃 봉우리 같은 작은 머리가 달려있다. 스프나 샐러드, 볶음에 어울리며 조리가 거의 끝날 무렵에 넣어야 한다.

오이스터(느타리) 조개껍질 모양의 이 버섯은 아발로니 머시룸이라고도 알려져 있다. 섬세한 풍미와 살짝 쏘는 맛이 나고 색은 흰색부터 살구빛이 도는 분홍색까지 다양하다. 자르지 말고 찢어서 사용하고 스프에 넣어 자작하게 끓이거나 볶음, 구울 때도 조심스럽게 다룬다. 날로 먹으면 알레르기 반응을 유발할 수도 있다.

포르치니 유럽과 영국에서는 싱싱한 포르치니 머시룸이 시판된다. 미국과 호주를 비롯한 그 외의 지역에서는 말린 제품이 시판된다. 거의 고기와 같은 식감을 지녔으며 흙 내음이 느껴진다. 말린 버섯은 물에 불려 사용한다. 버섯 우린 물은 조리에 사용해도 좋다. 냉동 포르치니 머시룸도 점점 널리 공급되는 추세이다. 마른 포르치니와 마찬가지로 전문 식품점에서 구할 수 있다.

포토벨로 크고 납작한 이 버섯은 흰 들사리 버섯에 가깝다. 고소하고 진한 풍미를 지녔으며 색은 갈색이고 육질은 잘 부서진다. 스위스 브라운 머시룸이 다 자라면 포토벨로가 된다. 고기와 같은 식감을 가졌기 때문에 좀 더 개성 있고 거친 요리 스타일에 어울린다.

시타키(표고) 황갈색, 혹은 갈색을 띤 이 버섯은 야생 버섯에 가깝다. 고기와 같은 식감을 지니고 진한 흙내음을 느낄 수 있다. 아시아 식품점에서 풍미가 가장 강한 말린 시타키 머시룸을 구할 수 있다. 볶음 요리나 리조토, 혹은 서서히 조리되는 요리에 사용하면 좋다.

스위스 브라운 포토벨로 머시룸의 버튼 버전으로 보면 된다. 보통 널리 사용되는 흰 버튼 머시룸보다 풍미가 좋은 대용품이다. 파스타 소스나 리조토, 혹은 삶는 요리에 사용하면 좋다.

버터

레시피에 명시되어 있지 않으면 버터는 상온에 보관하였다가 조리에 사용한다. 반쯤 녹거나 너무 물러서 사용하기 힘든 상태는 안 된다. 버터의 표면을 눌렀을 때 약간 들어가는 정도가 되어야 한다. 페이스트리에 사용할 때는 차갑게 두었다가 밀가루에 골고루 섞이도록 칼로 잘게 다져서 사용한다. 베이킹할 때는 보통 무염버터를 사용한다.

버터 빈(리마 빈)

크고 통통한 흰 색의 콩이며 스프나 스튜, 혹은 샐러드에 사용한다. 말린 콩은 사용하기 전날 밤 물에 담가 하룻밤을 불려야 한다. 통조림 형태로도 시판된다.

버터 스카치 소스 레시피

크림(액상 타입) • $1\frac{1}{2}$컵(375ml)
버터 • 50g
브라운슈거 • 1컵(175g)

크림, 버터, 슈거를 작은 냄비에 담고 슈거가 다 녹을 때까지 중불에서 저어 가며 가열한다. 끓으면 5~7분, 혹은 살짝 뻑뻑해질 때까지 조리해서 한쪽에 둔다.

버터밀크

원래 버터밀크는 우유에서 크림을 추출하고 남은 약간 시큼한 액체를 말한다. 요즘에는 저지방, 혹은 무지방 우유에 배양액을 넣어 생산된다. 버터밀크는 소스나 양념, 드레싱, 혹은 머핀이나 팬케이크 같이 제빵 용으로 많이 사용된다.

베이킹 블라인드

타르트 셸에 논스틱 베이킹페이퍼를 깔고 베이킹 용 추나 쌀, 혹은 콩으로 채운다. 15분간 구운 뒤 추나 쌀, 콩 등은 꺼낸다. 다시 오븐에 넣고 10분, 혹은 페이스트리가 황금색을 띠고 바삭할 때까지 굽는다.

벨 페퍼(피망)

벨 페퍼는 매우 유용하다. 빨강, 초록, 노랑, 오렌지색이 있다. 샐러드에 가미해 날로 먹어도 되고, 구워서 먹어도 좋으며, 볶음 요리, 스튜에 넣거나, 소스, 혹은 매운 양념으로 만들어 사용할 수 있다.

병아리콩(갈반조)

서아시아부터 지중해까지가 원산지인 콩과 식물이다. 스프, 스튜 등에 사용되며 중동의 대표적인 딥인 허머스의 주원료이다. 마른 병아리콩은 조리하기 전 물에 담가 불려야 한다. 통조림 형태로도 시판된다.

브리오슈

달고 버터향이 나는, 이스트를 사용해 만드는 프렌치 스타일 빵이다. 덩어리 식빵 형태나 둥그런 형태로 만든다. 주로 제과점이나 케이크 가게, 간혹 마트에서도 구할 수 있다. 브레드 버터 푸딩을 만들기에 적합하다.

블랙 빈

염장 블랙 빈으로도 알려져 있으며, 검은 메주콩을 소금에 절여 발효시켜 만든다. 요리에 사용하기 전 물에 담그거나 적어도 물에 헹궈서 사용한다. 볶음요리에 흔히 사용되는 시판 용 소스 형태의 상품을 구입해 사용해도 된다. 남미나 스페인, 포르투갈의 블랙 빈과는 다르다.

비니거

비니거는 묽은 산성 액체이며, 어원은 불어의 'vin aigre'로 시큼한 와인이라는 뜻이다. 하지만 비니거는 와인 뿐 아니라 사이다, 쌀, 다른 곡식으로 만든 알코올을 증류해서 만들 수 있다.

발사믹 비니거 맛이 풍부하며 색이 짙고 달콤한, 거의 캐러멜 향이 나는 발사믹은 다른 와인 비니거와는 달리 매우 독특하다. 이탈리아의 모데나 지방에서 자라는 트레비아노 품종 포도로 만들고, 5년에서 30년 이상 숙성시켜 만든다. 오래 숙성될수록 상품이고(더 비싸다) 조금만 넣어도 된다. 값싼 제품은 설탕을 더 해서 맛의 균형을 맞춰야 한다. 보통 식초 대용으로 사용할 수 없다.

사이다 비니거 애플주스를 발효시켜서 만든다. 황금색을 띠는 갈색 액체이고, 산도는 세지 않아서 돼지나 닭 요리에 잘 어울리고 캐러멜라이즈 애플의 단 맛을 조절할 때 사용하기도 한다.

몰트 비니거 맥아 보리로 만들고 보통 옅은 갈색을 띤다. 피클을 만들 때 사용하며, 혹자는 피시 앤 칩에 자연스럽게 어울린다고 주장하기도 한다.

라이스 비니거 쌀이나 라이스 와인을 발효시켜 만든다. 증류 알코올을 산화시켜 만드는 식초나 와인으로 만든 비니거에 비해 맛이 부드럽고 달콤하다. 화이트(무색에서 옅은 옐로우), 블랙, 레드 등의 색이 있으며 아시아 식품점에서 구할 수 있다.

셰리 비니거 셰리 비니거는 식도락가들이 선호하는 제품이다. 셰리 비니거라고 상품에 표기하려면, 스페인의 카디스 지방에서 생산되어 최소한 6개월 이상 숙성된 셰리로 만들어야 한다. 보통 셰리를 숙성시키는 방법인 솔레라(탑업) 시스템으로 숙성시킨다. 이 이름은 스페인과 EU의 법으로 보호받고 있다.

화이트 발사믹 비니거 보통 발사믹과 같은 포도 종류(트레비아노)로 만들지만 화이트 발사믹은 보통 발사믹에 비해 색이 옅고 묽으며 당도도 낮다. 포도액을 캐러멜라이즈 해서 숯으로 그을린 와인통에 넣고 숙성시켜 만든다. 보통 발사믹의 짙은 색이 요리의 색을 짙게 만드는 것을 피하고 싶을 때 주로 사용한다.

와인 비니거 레드 와인과 화이트 와인 모두 증류해서 비니거로 만들 수 있다. 드레싱이나 글레이즈, 소스, 피클을 만들 때 사용한다. 전통 프렌치 드레싱인 비니그렛을 만들 때 사용한다.

빻은 휘트

밀 알갱이를 찐 후 말리고 겨를 없앤 뒤 빻아서 만든 시리얼. 터키, 중동, 인도, 지중해식 요리에 두루 사용된다. 끓는 물을 부어 15~20분쯤 두어 제 모습을 회복하면 사용한다.

사시미 용 생선

사시미 용 생선이란 생선 중 가장 싱싱한 것을 의미한다. 줄낚시로 잡아서 생채기가 나지 않은 생선이다. 혈관, 또는 껍질이 없는 필레의 중앙 부분을 사는 것이 최선이다. 신선도를 보장 받기 위해서는 당일 먹을 생선은 당일 사야한다.

사천 페퍼콘

후추가 아니지만 맵고 혀를 자극하는 효과가 있는 열매이다. 알갱이째로 시판된다. 뜨겁고 건조한 프라이팬에서 좋은 냄새가 날 때까지 가열한 뒤 빻거나 간다.

사프란

세상에서 가장 비싼 향신료인 사프란은 보라색 크로커스 꽃의 암술에서 추출한다. 25만 송이의 꽃을 손으로 하나하나 따야 1kg의 사프란을 얻을 수 있다. 다행히도 사프란은 극소량만 사용해도 풍부한 맛과 색을 낼 수 있기 때문에 오래 쓸 수 있다. 실 같은 섬유질은 다른 음식에 첨가하기 전 더운 물, 우유, 혹은 스톡에 넣어 불리면 노란색이 최고도로 짙어지고 꿀과 같은 맛이 극대화된다. 빠에야에 흔히 쓰인다.

샤오싱 와인(중국식 쿠킹 와인)

드라이 셰리와 비슷한 샤오싱 와인은 찹쌀, 조, 특수한 효모, 샤오싱의 샘물로 만들어진다. 샤오싱은 중국 북쪽에 위치한다. 아시아 식료품점에서 구할 수 있다.

샬롯

샬롯은 어니언 종류 중 하나이나 브라운 어니언, 레드 어니언, 화이트 어니언보다 크기가 작고 맛도 부드럽다. 유럽에서는 흔히 쓰이는 식재료로, 길쭉하고 작은 브라운 어니언 껍질은 살짝 보라색이나 회색이 도는 것처럼 보인다. 아시아 종 샬롯은 더 작고 껍질에 분홍빛이 돈다. 몇 개씩 뭉쳐서 자라고 보통 커리 페이스트에 사용된다.

석류

열대성 과일이다. 붉은 석류 속에는 새콤한 주스에 감싸인 씨가 가득 들어있다. 먹어도 되는 석류 씨는 데코레이션, 혹은 샐러드에 넣기에 안성맞춤이다. 주스를 내려면 석류를 굴리다가 반으로 갈라 즙을 짜낸다.

세몰리나

듀럼밀로 만든 밀가루이다. 파스타, 아침 시리얼, 스위트 푸딩, 중동 스타일 케이크의 기본 재료이다.

셀레리악(셀러리 뿌리)

살이 하얗고 셀러리 향이 나는 근채류이다. 겨울철에 슈퍼마켓이나 야채가게에서 구할 수 있다. 샐러드나 스프, 혹은 고기와 함께 구워 사용한다.

손쉬운 아이올리 레시피

마요네즈 • 1/2컵(150g)
다진 마늘 • 1쪽
레몬주스 • 1티스푼
씨 솔트

마요네즈, 다진 마늘, 레몬주스, 그리고 소금을 볼에 넣어 잘 어우러지게 섞어준다.

슈거

사탕수수, 혹은 비트주스에서 추출된 결정체이다. 음식에 달콤한 맛을 가미하고, 풍미를 더하고, 음식의 양을 늘리거나 방부제 역할을 하기도 한다.

브라운슈거 당밀과 함께 처리된 슈거이다. 당밀이 얼마나 많이 쓰였는지에 따라 다채로운 갈색을 띤다. 각 나라마다 갈색의 색채가 다르다. 색은 설탕의 맛 또한 좌우하기 때문에 요리에도 영향을 끼친다. 브라운슈거는 때로는 라이트 브라운슈거라고도 불린다. 보다 진한 맛을 원한다면 다크 브라운슈거로 대체해도 무방하다. 베이킹에 주로 사용된다.

정제설탕(캐스터슈거) 낟알이 매우 고운 이 설탕은 베이킹 요리나 크림에 가벼운 식감을 선사한다. 이러한 특성은 케이크나 다른 가벼운 느낌의 디저트에 매우 중요하다. 머랭을 만들 때는 꼭 달걀흰자에 잘 녹는 캐스터슈거를 사용해야 한다.

데메라라 결정체가 크고 짙은 황금색을 띠며 캐러멜 향이 살짝 난다. 베이킹 할 때 크러스트의 바삭함을 강조하고 싶거나 커피에 특유의 풍미를 더하고 싶을 때 사용한다. 구하기 힘들면 흰 설탕 3분량에 브라운슈거 1분량을 섞어 대체한다.

아이싱 용 슈거(컨펙셔너) 보통 알갱이 설탕을 분쇄하여 만드는 매우 고운 파우더 슈거이다. 뭉치기 쉬워서 보통 체에 걸러 사용한다. 옥수수 전분이 섞여있는 아이싱 슈거 믹스에는 액체를 더 사용해야 하므로 사용을 피하고 순수한 아이싱 용 슈거만을 사용한다.

원당 색은 옅은 갈색이며 꿀과 같은 맛이 난다. 보통 설탕보다 덜 정제된 설탕이다. 베이킹 할 때 설탕의 풍미를 강조하고 싶거나 색을 강조하고 싶을 때 사용한다.

일반 흰 설탕 보통 흰 설탕은 베이킹할 때 가벼운 식감이 그리 중요하지 않으면 사용한다. 결정체가 크므로 잘 휘젓거나, 액체를 넣거나, 열을 가해서 녹인다.

슈거 시럽

설탕과 물을 같은 비율로 섞어 만든다. 믹스가 끓어 거품이 생기기 전에 설탕이 다 녹도록 잘 저어주어야 한다. 또한 냄비 안쪽을 물에 적신 페이스트리 브러시로 잘 쓸어내려 설탕 입자를 없애 주어야 한다. 그래야 시럽이 맑아지고 결정체가 남지 않는다.

슈거(캔디) 온도계

주방용 온도계이며 슈거 시럽, 잼, 그리고 젤리를 조리하는 동안 온도를 잴 때 사용한다.
단 음식(캔디)을 만들 때의 설탕 시럽 농도에 따라 표기가 되어 있다. 쿡웨어 전문점이나 백화점에서 구할 수 있다.

스모크 연어

스모크 하우스에서 처리된 연어이다. 섭씨 30도 이하의 콜드 스모킹을 하면 촉촉하고 맛이 섬세한 스모크 연어가 된다. 핫 스모크 연어는 스모킹을 하면서 처리가 되기 때문에 콜드 스모킹보다 좀 더 건조하고 단단하고, 맛도 강하다. 콜드 스모킹 연어가 없어서 핫 스모킹 제품을 사용한다면 조금 덜 넣는다.

스위트 포테이토

긴 원통형의 뿌리채소이다. 속살은 흰 색과 오렌지색이 있다. 오렌지색 스위트 포테이토는 쿠마라라고 알려져 있는데 흰 색보다 당도가 높다. 두 종류 모두 굽거나, 삶거나, 매시 하는 등 마와 같은 방법으로 조리하면 된다.

스타아니스

작고 갈색을 띠는, 씨가 별(스타) 모양으로 서로 붙어있는 형태의 열매이다. 아니스 향이 매우 강하며 통째로 사용하거나 갈아서 사용한다. 세이버리, 혹은 스위트 요리에 모두 쓰인다. 슈퍼마켓이나 식품전문점에서 구할 수 있다.

스톡

뼈와 채소, 허브를 넣어 끓여서 거른 뒤 탄생한다. 슈퍼마켓에서 양질의 시판 용 스톡을 사서 써도 좋고, 만들어 사용할 수도 있다.

비프 스톡 레시피

토막 낸 소뼈 • 1.5kg
잘게 썬 어니언 • 2개
잘게 썬 당근 • 2개
잘게 썬 셀러리 • 2줄기
각종 싱싱한 허브
월계수 잎 • 2장
페퍼콘 • 10개
물 • 2.5L

오븐을 섭씨 220도(화씨 425도)로 예열한다. 뼈를 베이킹트레이에 놓고 30분간 굽는다. 어니언과 당근을 넣고 20분간 굽는다. 뼈와 어니언, 당근을 스톡 용 큰 냄비로 옮긴다. 나머지 재료를 넣고 가열한다. 끓으면 불을 약하게 하고 4~5시간 정도 더 끓인다. 가끔씩 위에 뜨는 기름을 거둬낸다. 스톡을 체에 걸러서 사용한다.(1.5~2L) 냉장고에 두면 3일 간다. 얼려두면 3개월까지 괜찮다.

치킨 스톡 레시피

치킨 • 1.5kg
잘게 썬 어니언 • 1개
다진 마늘 • 2쪽
잘게 썬 셀러리 • 2줄기
잘게 썬 당근 • 1개
월계수 잎 • 1장
블랙 페퍼콘 • 1티스푼
물 • 2.5L

큰 스톡 용 냄비에 치킨, 어니언, 마늘, 셀러리, 당근, 월계수 잎, 페퍼콘, 물을 담고 센불로 가열한다. 끓기 시작하면 뚜껑을 덮고 약불로 1시간, 혹은 치킨이 부드러워 질 때까지 자작하게 끓인다. 큰 금속성 스푼으로 가끔씩 기름을 거둬낸다. 이 과정에서 불순물이 제거되어 맑고, 보다 달콤한 맛이 나는 스톡이 된다. 치킨은 건져내고 체에 걸러낸다. 채소는 버린다. 냉장고에 두면 3일 간다. 얼려두면 3개월까지 괜찮다.(1.5~2L) 치킨 껍질을 벗기고 포크로 살을 잘 발라 찢어서 샐러드나 샌드위치에 끼워 먹는다.

채소 스톡 레시피

물 • 2.5L
파스닙 • 1개
잘게 썬 어니언 • 2개
다진 마늘 • 1쪽
잘게 썬 당근 • 2개
듬성듬성 썬 양배추 • 300g
잘게 썬 셀러리 • 3줄기
각종 싱싱한 허브
월계수 잎 • 2장
페퍼콘 • 1테이블스픈

모든 재료를 큰 스톡 용 냄비에 넣고 위로 뜨는 찌꺼기들을 계속 거둬내면서 2시간 동안 뭉근하게 끓인다. 체에 걸러 바로 사용하거나 냉장고에서 4일 보관할 수 있다.(1.5~2L) 냉동시키면 8개월까지도 사용가능하다.

스프링 어니언

파(스캘리온)에 비해 뿌리 쪽이 좀 더 크다. 스프링 어니언, 혹은 샐러드 어니언은 샐러드, 스프, 볶음요리에 사용하면 좋고 천천히 조리하며 캐러멜라이즈해서 먹어도 일품이다. 퓨레하거나 통째로 내기도 한다.

실버 비트(스위스 차드)

풍성한 그린, 레드, 혹은 옐로우 잎사귀에 도드라진 흰 줄기를 가진 야채이다. 샐러드, 스프에 넣거나 살짝 쪄서 사용할 수 있다. 시금치와 혼동하지 않도록 한다. 시금치는 잎이 상대적으로 작고 맛이 섬세하다.

아몬드 밀

간 아몬드(아몬드 가루)라고도 불린다. 아몬드 밀은 슈퍼마켓 등에서 구입할 수 있다. 케이크나 디저트를 만들 때 밀가루 대용으로, 혹은 밀가루와 함께 사용할 수 있다. 껍질을 벗긴 아몬드를 푸드프로세서나 블렌더에 갈아 직접 만들어 사용할 수도 있다.(아몬드 125g을 갈면 1컵 분량이 된다.) 아몬드를 끓는 물에 몇 분 담갔다가 손으로 껍질을 벗기고 간다.

아시안 그린

이 청록색 채소는 배추과에 속한 식물이다. 다용도로 쓰이고 손질하기가 쉬워 인기가 있다. 데치거나, 삶거나, 찌거나, 혹은 스프나 볶음에 넣어서 먹을 수 있다.

청경채 향이 강하지 않은 채소로 중국 차드, 혹은 중국 흰 양배추라고도 알려졌다. 어린 청경채는 바로 씻어 통째로 조리할 수 있다. 좀 큰 종류를 사용한다면 잎을 떼고 흰 줄기 부분을 잘라내고 사용한다. 빨리 조리해야 바삭한 식감과 초록색을 보존할 수 있다.

브로콜리니 중국 브로콜리와 브로콜리의 중간쯤 되는 채소이다. 긴 줄기와 작은 꽃 부분이 있다. 없다면 브로콜리로 대체해도 무방하다.

초이섬 중국 꽃양배추라고도 알려져 있는 이 채소에는 작은 노란 꽃이 핀다. 잎사귀와 긴 줄기는 삶거나, 스프나 볶음 요리를 할 때 살짝 조리해서 사용한다.

가이란 중국 브로콜리, 혹은 중국 케일이라고 알려진 이 채소의 잎은 풍성하고 짙은 녹색이고 줄기는 짧으며 꽃은 작고 희다. 쪄서 심플하게 오이스터 소스만 뿌려 사이드 디시로 내거나, 스프나 볶음에 사용할 때는 마지막에 조리된다.

아이올리 레시피

달걀노른자 • 4개
화이트 와인 비니거 • 1테이블스푼
다진 마늘 • 1쪽
레몬주스 • 2테이블스푼
올리브오일 • 2컵(500ml)

달걀노른자, 비니거, 다진 마늘, 레몬주스를 푸드프로세서 볼에 담고 잘 섞일 때까지 돌린다. 모터가 돌아가는 상태에서 서서히 그러나 일정한 흐름을 유지하면서 올리브오일을 더한다. 마요네즈가 뻑뻑해지고 매끄러워질 때까지 돌린다.

알보리오 라이스

짧고 통통한 모양의 이 쌀은 익히면 겉은 부드럽고 속은 약간 딱딱한 느낌을 유지한다. 알 덴테로 익혔을 때 쌀의 겉에 붙은 전분이 국물과 어우러져 부드러운 식감을 낸다. 알보리오 라이스가 없을 경우에는 카나롤리carnaroli, 로마roma, 발도baldo, 파다노padano, 비아로네vialone, 혹은 칼로즈 라이스Calriso rice로 대체한다.

에그플랜트(가지)

가지속의 식물로서 토마토, 벨 페퍼, 감자 등과 같은 종류에 속한다. 살이 단단하고 겉껍질은 윤택이 돈다. 색은 흰색부터 녹색, 검은 빛이 도는 짙은 보라색까지 있다. 늙은 에그플랜트는 쓴 맛이 날 수 있다. 그럴 경우에는 소금에 살짝 절였다가 사용한다. 어린 에그플랜트는 그럴 필요가 없다. 완전히 익히면 부드러운 식감을 준다.

올리브

블랙 올리브는 잘 영근 올리브이며, 덜 영글었을 때 수확하는 그린 올리브 종류에 비해 짠 맛이 덜하다. 잘 영글든 덜 영글든 간에, 올리브는 너무 쓰기 때문에 나무에서 바로 따 먹을 수는 없다. 보통 먼저 가성소다수에 넣어 절인 뒤 소금물이나 소금에 절여 피클한다. 단단하고 색이 좋은 올리브를 고른다.

리구리안 · 야생 올리브 보통 리구리안 올리브라는 상표로 시판되는 야생 올리브는 재배되지 않는다. 키 작은 나무에서 땅에 가깝게 열매가 다발로 열린다. 이 작은 올리브는 옅은 머스터드 색부터 짙은 보라색, 검정색까지 다양한 색상을 띤다. 살은 많지 않고 씨에 얇게 붙어있지만, 고소해서 땅콩 대용으로 사용하기 좋다. 니수와즈 올리브는 크기가 더 작고 풍미도 상대적으로 약하다.

칼라마타 올리브 그리스가 원산지이다. 크고 살이 많은 칼라마타 올리브는 짙은 풍미를 지니고 있기 때문에 그릭 샐러드나 타파나드에 안성맞춤이다. 오일이나 비니거에 재워 나오는데 맛을 더 잘 흡수하도록 2등분 해서 시판되는 경우도 있다.

올리브오일

올리브오일의 등급은 풍미, 향기, 산도에 따라 매겨진다. 엑스트라 버진이 가장 양질이며 1% 이하의 산도를 지닌다. 버진이 다음 단계인데 1.5% 이하의 산도를 지니며 엑스트라 버진보다 약간 더 과일향이 풍부하다. 병의 상표에 '올리브오일'이라고 명시되어 있으면 대개 정제된 버진 오일과 정제되지 않은 버진 오일이 섞여있는 것을 뜻한다. '라이트 올리브오일'은 질이 가장 낮고 풍미도 떨어진다. 그 대신 지방 함유량이 가장 낮다. 색상은 짙은 녹색부터 황금색, 매우 옅은 노란색까지 다양하다.

옻

중동에서 흔히 사용하는 약간 새콤한 맛을 내는 보라색 파우더이다. 들에서 자라는 넝쿨에 피는 꽃에서 나는 열매를 말려서 만든다. 이것을 사용하는 일단의 요리사들은 생 양파의 매운 맛을 살짝 잡아주는 역할을 한다고 한다.

와사비

와사비는 매운 맛이 강한 일본산 고추냉이다. 스시를 만들 때 사용되고 일본 요리에 양념으로 내기도 한다. 슈퍼마켓에서 구할 수 있다.

주니퍼 베리

사철 푸른 주니퍼 관목에 열리는 향기롭고 살짝 쌉싸름한 맛이 있는 마른 열매이다. 포크나 사슴고기와 어울리며 진에 향기를 더할 때 사용하기도 한다.

주키니

호박 종류인 주키니는 노란색부터 다양한 색채의 녹색을 띤다. 오이와 비슷한 모양이다. 꽃이 아직 달려있는 어린 주키니는 인기가 높다. 주키니 꽃의 속을 채워 튀긴 요리는 별미로 꼽힌다.

중국식 오향 가루

시나몬, 사천 페퍼, 스타아니스, 클로브, 펜넬 씨의 믹스이다. 치킨, 포크, 램, 비프 요리에 어울린다. 빨갛게 굽거나 천천히 삶는 중국 요리에 없어서는 안 되는 재료다. 오향 가루는 아시아 식품점이나 대부분의 슈퍼마켓에서 구할 수 있다.

차슈 소스

차슈는 중국 광둥 식 요리에서 돼지고기에 맛을 낼 때 흔히 사용되는 소스이다. 설탕, 꿀, 오향, 붉은 식용색소, 간장, 그리고 셰리 등이 들어있다.

차치키

걸쭉한 내추럴 요거트, 마늘, 다지거나 강판에 간 오이로 만든 그리스 식 딥이다. 때로는 딜을 더하기도 한다. 구운 고기나 해산물에 소스로 사용해도 되고, 페이스트리나 돌마드(포도잎 쌈)와 함께 서브해도 좋다.

참깨

중동, 지중해, 인도, 아시아 지역에서 수확되는 이 작은 씨는 매우 고소한 맛을 지닌다. 흰 참깨가 가장 흔하다. 검정깨, 혹은 탈곡하지 않은 상태로도 아시아 요리에는 많이 쓰인다. 참기름은 볶은 씨앗을 짜서 만든다. 타히니는 씨를 빻아 만든 페이스트이다.

처빌

파슬리 종류의 허브 식물이다. 스타아니스 향기와 맛이 살짝 난다.

초리조

단단하고 식감은 살짝 거칠고 매운 맛이 나는 스페인 식 포크 소세지다. 페퍼, 파프리카, 칠리로 양념한다. 간혹 정육점에서 구할 수 있고 대부분의 델리카트슨에서 취급한다.

치즈

소, 염소, 양, 버펄로 등의 젖을 효소와 배양액을 사용해 굳혀서 만드는 영양 만점의 식재료이다. 연질숙성 치즈, 린드 워시 치즈는 겉 껍질의 곰팡이에서 기인하는 독특하고 강한 풍미를 가진 치즈이고 어떤 치즈는 치즈 전체에 풍미가 배어있다.

보콘치니치즈 이탈리아 산 모차렐라 치즈이다. 향이 부드럽고 한 입 사이즈의 작은 크기다.

블루치즈 배양된 곰팡이를 넣어 블루치즈 특유의 푸른 선과 풍미를 낸다. 대부분 쉽게 부스러지는 식감을 지녔고 오래 묵힐수록 시큼한 맛이 완만해진다.

체다치즈 우유로 만든 단단한 치즈이다. 톡 쏘는 맛과 쉽게 부스러지는 식감을 지녔다. 본산지는 영국의 남서 지방이나 현재 세계에서 가장 인기 있는 치즈 중의 하나가 되었다.

페타치즈 염소, 양, 혹은 소의 젖으로 만든다. 페타는 짭짤하고 쉽게 부스러지는 식감을 지녔다. 소금물에 보관하면 보통 더 오래 간다.

폰타나치즈 소젖으로 만드는 피드몬트 산 이탈리아 식 치즈이다. 소프트하고 구멍이 더 작은 그리에 치즈를 연상시키는데 맛은 더 진하고, 부드럽고, 고소하다.

고트치즈 염소 젖 자체에 시큼한 맛이 있어서 염소젖으로 만든 치즈는 보통 '셰브르'라고도 불리며 약간 시큼하고 톡 쏘는 맛이 있다. 묵히지 않은 오래 묵힌 치즈에 비해 맛이 더 부드럽다. 커드라고 부른다.

그리에치즈 소젖으로 만든 알프스 산 치즈로 단단한 식감을 지니고 있다. 스위스 아만텔 치즈를 연상시키는데 발효시킬 때 생기는 기포 때문에 형성된 구멍들은 비교적 조금 작고, 톡 쏘는 맛은 조금 더 강하다.

고다치즈 소젖으로 만든 네덜란드 산 치즈이다. 부드럽고, 달콤한 과일향이 난다. 빨간색 왁스 페이퍼로 싸여져 있고 서유럽 아침 식탁의 단골메뉴다.

할루미치즈 양젖으로 만든 키프러스 산 희고 단단한 치즈이다. 섬유질이 뜯어지는 속성을 지니고 있고 보통 소금물에 절인 형태로 시판된다. 델리카트슨, 혹은 몇몇 슈퍼마켓에서 구할 수 있다.

마스카포네치즈 신선한 이탈리아 산 치즈이다. 크림 · 커드 스타일로 헤비크림과 같은 매끄러운 식감을 지녔다. 스페셜티 푸드 스토어나 델리카트슨, 슈퍼마켓에서 구할 수 있다. 소스나 티라미스와 같은 디저트에 사용된다.

모차렐라치즈 이탈리아가 원산지이다. 모차렐라는 피자, 라자냐, 토마토 샐러드에 쓰이는 풍미가 부드러운 치즈이다. 커드를 잘라 돌리거나 짜서 부드럽고 쫄깃쫄깃한 식감이 나도록 만든다. 버펄로젖으로 만든 타입이 최상품이다.

파르메산치즈 이탈리아에서 가장 널리 쓰이는 강판에 갈아 쓰는 단단한 치즈이다. 소젖으로 만들고 최고급 상품인 '파르마지아노 레지아노'는 에밀라 로마나 지방에서 엄격한 제조 과정을 거쳐 적어도 평균 2년 정도 묵힌다. 사촌격인 그라나 파다노는 롬바르디에서 생산되며 15개월간 묵힌다.

리코타치즈 부드럽고 작은 알갱이로 이루어진 치즈이다. 리코타는 이탈리아어로 '다시 조리된' 이란 뜻을 갖고 있다. 치즈가 생산되는 과정을 표현하는 말이다. 다른 치즈를 만들고 남겨진 훼이(유청)를 다시 덥혀 만들기 때문이다. 신선한 상태에서 사용하고 부드럽고 지방이 적게 포함되어 있다.

칠리 빈 페이스트

염장한 검정콩과 칠리, 마늘, 스타아니스를 섞어 만든다. 아시아 요리에 사용되는 자극적인 소스다.

칠리 잼

태국 식 소스이다. 생강, 칠리, 마늘, 새우 페이스트를 넣어 만들며 스프나 볶음요리에 사용된다. 구운 고기나 달걀 요리, 치즈와 잘 어울린다.

카퍼 라임 잎

잎이 겹쳐서 나는 특징이 있는 향기로운 잎사귀이다. 빻거나 찢어서 태국 식 샐러드나 커리에 사용한다. 아시아 식료품점에서 구할 수 있다.

칼바도스

세계 굴지의 애플 브랜디이다. 프랑스 북서 지방인 노르망디의 칼바도스에서 자란 사과를 증류하여 만든다. 스위트, 혹은 세이버리 레시피에 두루 사용할 수 있다.

케이퍼

케이퍼는 케이퍼 나무에 열리는 초록색을 띤 작은 꽃 봉우리이다. 소금물에 절이거나 염장한 상태로 시판된다. 될 수 있으면 식감이 보다 쫄깃하고 풍미가 우월한 염장된 케이퍼를 사용한다. 사용하기 전 잘 헹구고 물기를 뺀 뒤 페이퍼타월을 사용해 물기를 찍어낸다.

케이퍼 베리

케이퍼 베리는 케이퍼와 같은 나무에서 나온다. 그러나 케이퍼 베리는 길쭉하고 덜 익은 열매이다. 작은 포도 크기 정도로 풍미가 부드럽고 톡 쏘는 맛 역시 덜하다. 사용하기 전 잘 헹구고 물기를 뺀 뒤 페이퍼타월을 사용해 물기를 찍어낸다.

코니촌

딜을 넣은 식초나 소금물에 절인 작고 어린 오이이다. 훈제 육류나 생선에 곁들여 내거나 테린이나 파테와 함께 낸다.

코리엔더(실란트로)

중국 파슬리라고도 일려져 있다. 향이 강한 이 녹색 허브는 아시아와 멕시코 요리에 흔히 사용된다. 뿌리는 잘게 다져 커리에 넣기도 하고, 씨는 인도 요리에 빠지서는 안 되는 재료이다.

코코넛밀크

우유와 비슷한 달콤하고 흰 액체이다. 코코넛 속살을 강판에 갈거나 말려서 갈아 놓은 코코넛을 미지근한 물에 담갔다가 무스린이나 치즈 직포를 사용해 액체를 축출한다. 통조림이나 냉동 형태로도 시판된다. 코코넛밀크와 코코넛주스를 혼동해서는 안 된다. 코코넛주스는 어린 코코넛 열매에 들어있는 투명한 액체다. 커리 요리에 주로 사용된다.

쿠스쿠스

알제리, 튀니지, 모로코를 대표하는 음식의 이름이기도 하고 그 음식의 재료인 밀가루가 발린 세몰리나에 붙여진 이름이기도 하다. 슈퍼마켓에서 구할 수 있다.

크림

지방 함유량에 따라 크림의 이름이 붙여지고 적합한 사용 방법이 정해진다.

응고된 크림 데븐셔 크림이라고도 알려져 있다. 전통적으로 스콘, 딸기잼과 함께 곁들여 먹는다. 비 살균 처리 우유가 뻑뻑해질 때까지 아주 살짝 덥혀서 만든다. 시판용이 있고 헤비크림으로 대체해도 된다.

액상 타입 크림(싱글 크림) 버터 지방 함유율이 20~30%쯤 된다. 아이스크림, 파나코타, 혹은 커스터드를 만들 때 흔히 사용된다. 휘핑하면 아주 가벼운 식감이 된다. 다른 디저트 등에 곁들여 낸다.

걸쭉한 크림 헤비크림과 혼동하지 않도록 한다. 액상 타입 크림에 식물성 점성을 넣어 크림이 쉽게 휘핑되도록 만든 것이다. 크리미한 디저트나 케이크, 혹은 파블로바 토핑으로 적합하다.

헤비크림(더블 크림) 버터 지방 함유율이 40~50% 쯤 된다. 퓨어 크림이라고도 불리며 보통 한 스푼 씩 디저트에 곁들여 낸다.

타파나드

프랑스 남부에서 시작된 강한 맛을 가진 페이스트이다. 올리브, 케이퍼, 마늘, 엔초비를 오일과 함께 갈아 만든다. 크래커에 딥으로 내거나 브루스케타나 피자에 발라서 내기도 한다. 고기를 재우는 마리네이드로도 적합하고, 콜드 미트 요리와 환상의 궁합이다. 로스트 비프의 스터핑으로 사용하기도 한다.

토마토 소스(케찹)

새콤 달달한 소스이고 주로 병에 담긴 제품이 시판된다. 토마토주스를 걸러서 소금을 가미해서 만든다. 때로는 마늘, 어니언, 레몬주스, 비니거, 또는 설탕이나 사과, 배, 포도 같은 달콤한 재료를 섞어 만들기도 한다.

토마토 페이스트(퓨레)

이 맛이 풍부하고 농축된 토마토 제품은 통조림, 병, 튜브 혹은 통에 담겨져 판매된다. 더욱 강한 풍미의 토마토를 원한다면 소스나 스튜의 형태로 즐기면 된다.

토마토 퓨레(소스)

토마토 퓨레는 숙성 토마토와 덜 익은 토마토의 살과 씨를 함께 섞어 진한 토마토 소스를 만들 수 있다. 파사타란 이탈리아어로 껍질을 벗기고 씨를 빼낸 후 체에 걸러 걸쭉하고 펄프가 남은 상태의 토마토를 일컫는다. 수고Sugo는 토마토를 으깨어 만들기 때문에 파사타보다는 좀 더 거친 식감을 지닌다.

틀(틴)

알루미늄 틀은 베이킹하기에 적합하다. 그러나 스테인리스로 된 틀이 더 오래가고 휘거나 우그러들지 않는다. 틀의 지름을 잴 때는 항상 바닥을 잰다.

번트 틀 이 훌륭한 데코 아이템의 틀에는 세로로 골이 패어있고 가운데는 구멍이 나 있다.

머핀 틀 규격 사이즈는 12개의 구멍이 붙어있는 모양이며 구멍 한 개 당 ½컵(125ml) 용량이다. 구멍이 6개인 틀은 구멍 한 개 당 1컵(250ml) 용량이다. 미니 머핀 틀은 구멍 1개 당 1½테이블스푼 용량이다. 논스틱 틀을 사용하면 머핀이 구워졌을 때 쉽게 떨어지므로 편리하다. 그렇지 않은 경우에는 종이로 된 머핀 케이스를 사용한다.

패티 틀 규격 사이즈는 2테이블스푼 용량이다. 얕은 패티 틀도 있는데 작은 타르트와 파이를 만들 때 유용하다. 사용하기 전에 오일을 잘 발라주거나 종이로 된 패티 케이스를 사용하여 구워졌을 때 쉽게 떨어지게 한다.

라운드 틀 동그란 틀의 규격 사이즈로는 지름 18cm, 20cm, 22cm, 24cm가 있다. 20cm와 24cm 사이즈는 반드시 가지고 있어야 한다.

스프링폼 틀 바닥이 빠지는 스프링폼 틀의 규격 사이즈로는 지름 18cm, 20cm, 22cm, 24cm가 있다. 20cm와 24cm 사이즈는 반드시 가지고 있어야 한다.

스퀘어 틀 정사각형 틀의 규격 사이즈로는 18cm, 20cm, 22cm, 24cm가 있다. 케이크 레시피에 둥근 틀을 사용하라고 되어 있지만 정사각형 틀을 사용하고 싶다면, 2cm를 뺀 정사각형 틀을 사용한다. 예를 들어, 레시피에 지름 22cm의 둥근 틀을 사용하라고 했다면 20cm 정사각형 틀을 사용하면 된다.

파(스캘리온)

옅은 어니언 향이 난다. 흰 뿌리 부분과 녹색 부분 모두 아시아 요리의 샐러드나 장식용으로 사용된다.

파프리카

레드 페퍼를 말려 분쇄해서 만든 향신료이다. 원산지는 헝가리이고 순한 맛(마일드), 스모키한 맛, '피멘톤'이라 불리는 스페인 식의 매운 맛이 있다. 고기 요리와 라이스 요리에 풍미와 화사한 색을 더한다.

판체타

이탈리아 풍의 염지육으로 프로슈토와 비슷하지만 덜 짜고 식감이 상대적으로 부드럽다. 덩어리로 혹은 슬라이스된 상태로 시판된다. 조리하지 않고 바로 먹어도 되고 파스타 소스나 리조토에 사용하면 좋다.

페이스트리

집에서 만들거나 냉동된 덩어리, 혹은 미리 밀어져 나오는 등 다양한 형태의 시판 용 제품을 사용할 수 있다. 냉동 페이스트리는 냉장실에서 해동시킨 후 사용한다.

퍼프 페이스트리 이런 종류의 페이스트리는 만들기 까다롭고 시간도 오래 걸린다. 그래서 많은 요리사들이 시판 용 제품을 사용한다. 제과점이나 슈퍼마켓에서 냉동된 덩어리나 미리 밀어진 형태를 구할 수 있다. 두꺼운 덮개를 만들려면 퍼프 페이스트리를 여러 장 겹쳐서 쓴다.

파이 크러스트(쇼트 크러스트) 세이버리, 혹은 스위트한 페이스트리이다. 냉동된 덩어리나 미리 밀어진 형태로 시판된다. 급하게 파이를 만들 수 있게 냉동실에 상시 보관하거나 집에서 직접 만들어 쓴다.

다목적 용 밀가루 • 2컵(300g)
버터 • 145g
얼음물 • 2~3테이블스푼

밀가루와 버터를 푸드프로세서에 넣고 반죽이 빵가루처럼 될 때까지 돌린다. 모터가 돌아가고 있을 때 매끈한 반죽이 형성될 때까지 얼음물을 더한다. 살짝 치댄 뒤 랩으로 싸서 냉장고에 30분간 둔다. 사용하기 전에 밀가루를 살짝 뿌린 도마 위에 놓고 3mm 두께로 민다. 위의 레시피를 사용하면 지름 25cm짜리 파이 틀, 혹은 타르트 틀을 덮을 만큼, 또는 350g가량의 반죽이 나온다.

페퍼콘

페퍼콘 열매는 후추나무 넝쿨에 다발로 열리는데 주머니에 페퍼콘이 가득 들어있다. 그런 페퍼콘은 다 영글기 전에 수확해서 싱싱한 상태로 팔리기도 하고 염장된 상태로 통조림에 담아 팔기도 한다. 블랙 페퍼콘은 주머니에서 꺼낸 페퍼콘에 색깔을 입힌 것이다. 알갱이째로, 혹은 갈아서 시판된다. 흰 후추는 검은 껍질을 벗기고 남은 속살만 갈은 것이다. 블랙 페퍼 종류보다 맛이 순하다. 치킨 스프 같은 부드러운 레시피나 맛이 연한 해산물 요리에는 꼭 흰 후추를 쓰도록 되어있다.

펜넬

옅은 아니스 씨앗 맛이 나고, 아삭한 식감 때문에 샐러드에 넣거나, 고기나 생선과 함께 구워도 좋다.

포도잎

포도 넝쿨의 잎사귀이다. 음식을 싸서 먹는 껍질로 사용된다. 쌀을 주재료로 하는 전채요리인 돌마드, 혹은 돌마스의 껍질로 사용된다. 고기를 싸서 구우면 이 과정에서 수분 증발을 방지하는 역할을 해서 고기를 촉촉하게 유지할 수 있다.

폴렌타

북 이탈리아 지방에서 주로 많이 쓰이는 식재료이다. 이 옥수수 가루에 물을 넣고 죽과 같은 상태가 될 때까지 자작하게 끓인다. 이 상태에서 버터나 치즈로 맛을 내고 스튜나 삶은 음식에 곁들여 내어 소스가 베이게 한다. 아니면 식혀서 네모로 잘라 그릴하거나 튀기거나 구워 먹는다.

프로슈토

이탈리아 식 햄이다. 소금으로 절여 최대 2년까지 건조시켜 만든다. 종잇장처럼 얇게 저며 날로 먹거나, 삶은 요리나 다른 요리에 특유의 향이 배이도록 사용한다. 흔히 무화과나 멜론을 싸서 전채 요리로 낸다.

프리세(곱슬 엔다이브)

잎사귀가 곱슬한 샐러드 용 녹색 채소이다. 약간 쌉쌀한 맛이 있어 수란을 포함하는 샐러드에 흔히 사용된다. 긴 잎사귀의 끝은 넓고 아래로 갈수록 좁고 희다. 줄기는 펜넬이나 셀러리 뿌리를 연상시킨다.

피시 소스

소금 간을 해서 발효한 생선을 걸러내어 얻는 호박색이 도는 액체이다. 태국이나 베트남 음식에 양념으로 쓰인다. 아시아 식재료 전문점에서 구할 수 있다. 보통 '남 플라nam pla'라는 상표가 붙어있다.

하리사

북아프리카 식 소스이다. 칠리, 마늘, 코리엔더, 카라웨이, 큐민 같은 스파이스를 사용해 만든 붉은 페이스트이다. 토마토가 섞여있을 수도 있다. 병이나 통에 담겨서 시판된다. 전문 식품점에서 구할 수 있다. 타긴이나 쿠스쿠스의 맛을 살리고 드레싱이나 소스에 하리사를 넣으면 단숨에 맛을 높일 수 있다.

허머스

병아리콩(갈반조 빈)과 타히니, 마늘, 레몬주스를 갈아 만드는 중동의 대표적인 딥이다.

헤이즐넛 밀

간 헤이즐넛이라고도 한다. 껍질을 벗긴 통 헤이즐넛을 사서 집에서 만들 수도 있다. 푸드프로세서나 블렌더에 넣고 간다.(통 헤이즐넛 125g을 갈면 1컵분량이 된다.) 껍질을 쉽게 벗기려면 헤이즐넛을 섭씨 200도(화씨 390도)로 예열한 오븐에서 5분 쯤 구운 뒤 티 타월로 싸서 비벼준다.

호스레디시

향이 강한 뿌리채소이다. 썰거나 강판에 갈면 머스터드 오일이 나온다. 산화가 매우 빨리 되기 때문에 썰자마자 사용하거나 물이나 비니거를 부어준다. 야채가게에서 싱싱한 채소를 사거나 갈아서 병에 담아 파는 것을 사서 사용할 수 있다.

호이신 소스

걸쭉하고 달콤한 중국 식 소스이다. 발효시킨 메주콩, 설탕, 소금, 붉은 쌀을 사용해 만든다. 디핑 소스, 마리나드, 북경오리 소스로도 사용한다. 아시아 식료품상이나 대부분의 슈퍼마켓에서 구할 수 있다.

홀 에그 마요네즈

맛이 진하고 부드럽다. 달걀노른자와 오일의 에멀전이 맛이 풍부한 포테이토 샐러드와 잘 어울리고, 아이올리를 만드는 기본 재료로 사용된다. 생 달걀을 사용해서 만들기 때문에 살고 있는 지역에 살모넬라 문제가 없는지 주의할 것.

화이트 빈(카넬리니)

작은 콩팥 모양의 콩은 슈퍼마켓에서 통조림이나 마른 콩으로 시판된다. 마른 콩은 사용하기 전 하룻밤 정도 물에 불려야 한다.

Measures

글로벌 계량

식품의 계량은 유럽과 미국이 다르고
심지어는 호주와 뉴질랜드도 차이가 있다.

액체와 고체

계량컵과 계량스푼,
저울은 주방의 최대 자산이다.

측정

메트릭, 임페리얼, 측정,
동등한 재료의 명칭들

메트릭 vs 임페리얼

계량컵과 계량스푼은 나라에 따라
살짝 다를 수 있지만,
대부분의 경우 그 차이가 레시피에
큰 영향을 미치는 정도는 아니다.
모든 컵, 스푼 계량은 평평하게 깍은 상태를 일컫는다.
호주의 계량컵은 250ml(8온스)이다.

호주의 메트릭 티스푼은 5ml,
테이블스푼은 20ml(4티스푼)이다.
그러나 영국에서는 15ml(3티스푼)이다.

액체로 된 재료를 계량할 때 미국의 1파인트는
500ml(16온스)이지만,
임페리얼 파인트는 600ml(20온스)이다.

마른 재료를 계량할 때는 컵에 재료를 느슨하게 넣고
나이프로 평평하게 깍아 담는다.
레시피에 '꽉꽉 눌러 채우라'고 써 있지 않는 한,
컵을 흔들거나 툭툭 쳐서 재료가
촘촘하게 하지 않아야 한다.

액체

컵	메트릭	임페리얼
1/8컵	30ml	1온스
1/4컵	60ml	2온스
1/3컵	80ml	2 1/2온스
1/2컵	125ml	4온스
2/3컵	160ml	5온스
3/4컵	180ml	6온스
1컵	250ml	8온스
2컵	500ml	16온스
21/4컵	600ml	20온스
4컵	1 L	32온스

고체

메트릭	임페리얼
20g	1/2온스
60g	2온스
125g	4온스
180g	6온스
250g	8온스
500g	16온스(1파운드)
1kg	32온스(2파운드)

밀리미터/인치 환산

메트릭	임페리얼
3mm	1/8인치
6mm	1/4인치
1cm	1/2인치
2.5cm	1인치
5cm	2인치
18cm	7인치
20cm	8인치
23cm	9인치
25cm	10인치
30cm	12인치

동등한 재료

중탄산 소다	베이킹 소다
피망	벨 페퍼
캐스터슈거	정제설탕
셀러리악	셀러리 뿌리
병아리콩	갈반조
코리앤더	실란트로
코스 레투스	로메인 레투스
옥수수 밀가루	옥수수 전분
보통 밀가루	다목적용 밀가루
로켓	아루굴라
베이킹파우더가 든 밀가루	베이킹파우더가 든 밀가루
실버 비트	스위스 차드
스노우 피	멘지 타우트
주키니	코르겟

오븐 온도

베이킹을 할 때 오븐 온도를 정확히 맞추는 것은 매우 중요하다.

섭씨 화씨 환산

섭씨	화씨
100°C	210°F
120°C	250°F
140°C	280°F
150°C	300°F
160°C	320°F
180°C	355°F
190°C	375°F
200°C	390°F
210°C	410°F
220°C	425°F

동등한 재료

섭씨	가스
110°C	1/4
130°C	1/2
140°C	1
150°C	2
170°C	3
180°C	4
190°C	5
200°C	6
220°C	7
230°C	8
240°C	9
250°C	10

버터와 달걀

버터와 달걀을 고를 때는 '신선함이 최고다'라는 좌우명을 기억하자.

버터

베이킹을 할 때 보통 무염버터를 사용하면 좀 더 달콤한 맛을 살릴 수 있다. 무염버터나 가염버터의 차이가 아주 큰 것은 아니다. 미국의 버터 한 덩이는 125g(4온스)이다.

달걀

레시피에 특별히 적혀있지 않다면 큰 달걀(60g)을 사용한다. 신선하게 보관하려면 달걀을 구입할 때의 패키지 그대로 냉장고에 보관한다. 마요네즈나 드레싱 등 날 것이나 살짝만 익히는 레시피에 사용할 때는 가장 신선한 달걀을 사용한다. 살모넬라 문제가 주위에 있다면 조심한다. 어린이, 노인, 혹은 임산부에게 내는 음식이라면 특히 더 주의를 기울인다.

기본 무게 환산

다음은 흔히 사용되는 재료 1컵의 용량을 무게로 환산한 것이다.

재료

아몬드 밀(간 아몬드)
1컵 ⁞ 120g

브라운슈거
1컵 ⁞ 175g

흰 설탕
1컵 ⁞ 220g

정제설탕(캐스터슈거)
1컵 ⁞ 220g

아이싱 용 슈거
1컵 ⁞ 160g

다목적 용 혹은 베이킹파우더가 든 밀가루
1컵 ⁞ 150g

부드러운 빵가루
1컵 ⁞ 70g

강판에 곱게 간 파르메산 치즈
1컵 ⁞ 80g

생 쌀
1컵 ⁞ 200g

조리된 쌀
1컵 ⁞ 165g

조리되지 않은 쿠스쿠스
1컵 ⁞ 200g

조리해서 찢은 닭, 돼지, 혹은 소고기
1컵 ⁞ 160g

올리브
1컵 ⁞ 150g

Index

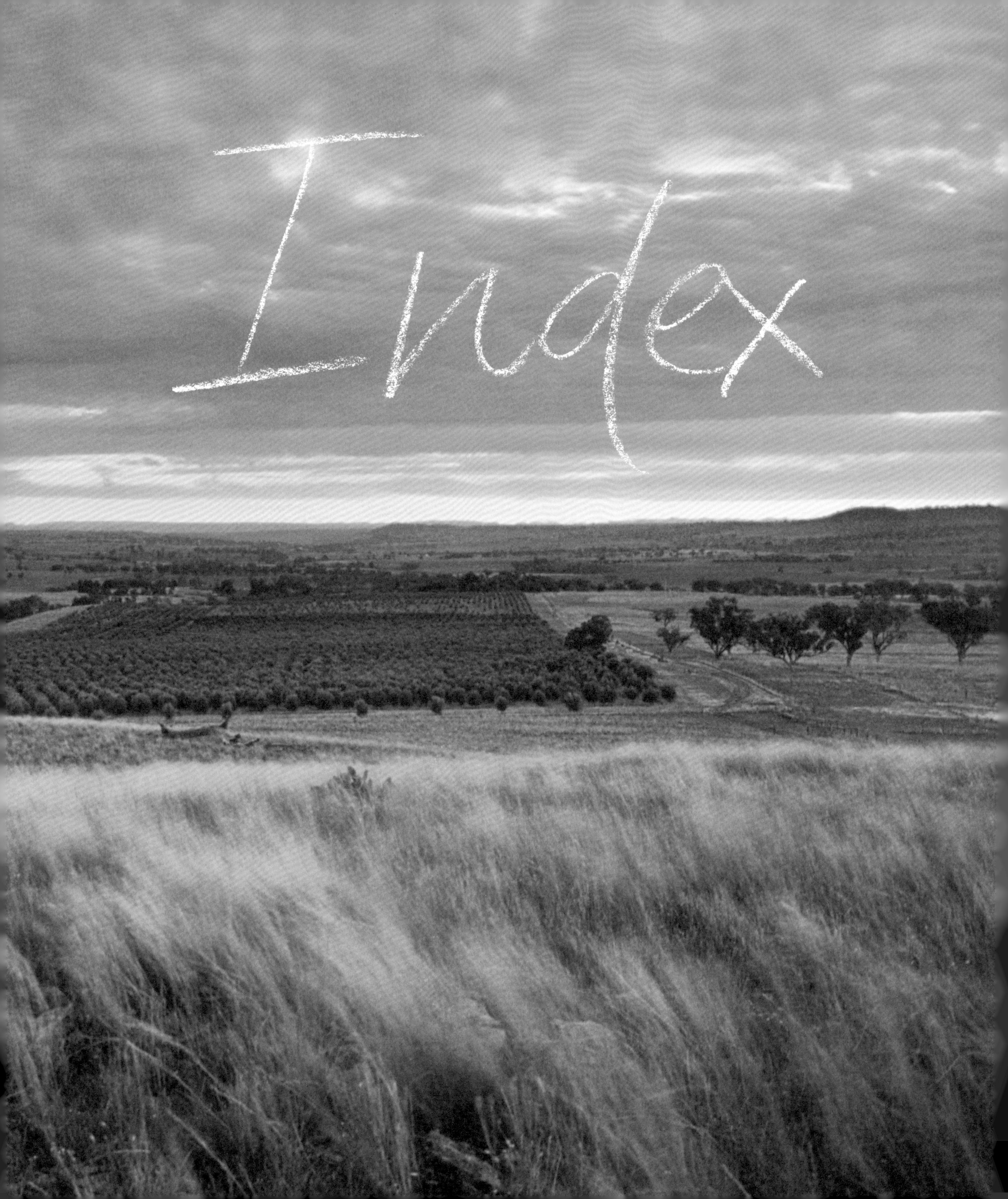

thank you

이 책은 지난 몇 해 동안 도나 헤이 매거진을 만든
열정적인 팀의 환상적인 성과를 축하하는 의미로 발행되었습니다.
이 책을 한 페이지 한 페이지 넘길 때마다 느끼는 자부심을
모든 분들과 함께 나누길 원합니다.
특히 주지, 스티브, 제인, 루시, 루, 사라, 이네즈, 존, 치,
헤일리, 코리나 그리고 멜에게 감사합니다.
내 사랑스런 병아리들에게도 축하를 보냅니다.
그들의 헌신과 빛나는 성과가 매 페이지에 담겨있습니다.

우리가 좋아하는 장소에 얽힌 이야기들, 계절의 레시피,
그리고 이미지들을 선택적으로 고르는 과정은 고급스런
시간 여행이었습니다. 각각의 장소마다 재미있고,
광기어린, 혹은 가슴 아픈 뒷이야기들이 깃들여 있습니다.
야외 촬영을 마친 뒤 테스트 키친으로 돌아와 밤늦게까지
설거지를 하고 여러 장비를 차에서 꺼내야하는 피곤한 날에는
추억에 흠뻑 젖곤 했습니다.

하지만 책을 펼쳐보니 그 한순간 한순간들이
모두 가치 있었다는 생각이 듭니다.
이 책에는 우리가 좋아하는 레시피와 맛의 조화 뿐 아니라
푸드스타일링 포인트 역시 담겨 있습니다.

감탄스럽도록 놀라운 치 람 씨에게 특별히 감사하고 싶습니다.
평온을 주는 그의 존재감, 사랑스런 심미안, 타의 추종을 불허하는 텍스트를 다루는 솜씨,
그리고 아름다운 디자인이 이 책을 아름다움, 그 자체로 엮어 놓았습니다.
우리 모두의 진심으로부터 우러나오는 감사를 전합니다.

8살 무렵 처음 주방에 종종 걸음으로 들어가 믹싱 볼을 집어든 도나 헤이는
그 이후로 뒤를 돌아 본 적이 없다. 잡지사의 테스트 키친에 발을 들이고
출판계로 진출한 뒤, 심플하고 스마트한 계절 레시피를
아름다운 사진과 함께 엮어 자신만의 독보적인 스타일을 구축했다.
어떤 요리사도 만들 수 있는, 어떤 미식가도 좋아할 만한,
매일, 혹은 어떤 특별한 날에도 어울리는 음식을 창조한 것이다.
집필한 17권의 책이 베스트셀러가 될 만큼
그녀만의 독특한 스타일로 세계적인 출판 요리 현상을 주도하고 있다.
그녀는 도나 헤이 매거진의 출판인이며,
신문 컬럼니스트, 홈웨어 및 푸드 디자이너이자
그녀가 만든 첫 제너럴 스토어의 주인이기도 하다.

도나 헤이의 주요 저서: no time to cook,
off the shelf, modern classics, the instant cook,
instant entertaining and the simple essentials collection.

www.donnahay.com